健康地铁环境营造技术丛书

地铁细颗粒物污染与防治

潘嵩　王新如　李国庆　裴斐　谷雅秀　孟鑫　著

中国建筑工业出版社

图书在版编目（CIP）数据

地铁细颗粒物污染与防治／潘嵩等著．—北京：中国建筑工业出版社，2020.12
（健康地铁环境营造技术丛书）
ISBN 978-7-112-25540-5

Ⅰ．①地… Ⅱ．①潘… Ⅲ．①地下铁道－粒状污染物－污染防治 Ⅳ．①X513

中国版本图书馆CIP数据核字（2020）第185867号

地铁站内污染物暴露水平相比于其他环境要高很多，与地面街道、市中心繁华街道相比，地铁内细颗粒物浓度要高数倍；并且与室外污染物颗粒相比，地铁中的污染物颗粒更具遗传毒性，对身体更容易造成较大的危害。由于地铁本身的便捷性以及安全性，越来越多的人们选择地铁作为出行工具，同时人们在地铁中度过的时间也越来越长；据美国环保署（EPA）早在1993～1994年间对近万人的跟踪调查数据显示，城市人平均有7.2%的时间在地铁中度过，PM2.5污染对于经济损失越来越大。本书对于地铁车站内的空气品质尤其是细颗粒物污染进行分析，并提出防治对策。

责任编辑：刘文昕
责任校对：芦欣甜

健康地铁环境营造技术丛书
地铁细颗粒物污染与防治
潘嵩　王新如　李国庆　裴斐　谷雅秀　孟鑫　著
*
中国建筑工业出版社出版、发行（北京海淀三里河路9号）
各地新华书店、建筑书店经销
北京锋尚制版有限公司制版
北京建筑工业印刷厂印刷
*
开本：787毫米×1092毫米　1/16　印张：9　字数：250千字
2021年2月第一版　2021年2月第一次印刷
定价：60.00元
ISBN 978-7-112-25540-5
（36555）

目　录

第1章　绪论

第2章　细颗粒物污染研究

第3章 非换乘地铁车站细颗粒物污染研究

第4章 双线换乘站细颗粒物污染研究

第5章 复杂多线换乘车站细颗粒物污染研究

第6章 地铁细颗粒物污染现状影响因素分析研究

第7章 地铁细颗粒物污染浓度预测与防控

第1章　绪论

可吸入颗粒物是指物质动力学直径小于10μm的颗粒物。按照颗粒物的粒径大小可以细分为粗颗粒（直径≤10μm，即PM10）、细颗粒（直径≤2.5μm，即PM2.5）。当今社会，细颗粒污染物的超浓度分布引发大气环境、人体健康等种种问题，而对于细颗粒物的研究之路却任重而道远。随着城市化进程推进，市民选择地铁作为出行工具也越来越普及，乘客的搭乘时长也飞速增长，地铁的空气品质也逐步引起人们的关注；但经研究发现，即使在地铁的地下车站及车厢内，人们仍受到细颗粒物威胁，甚至有时会比室外更甚之；因此，对于地铁这片地下公共空间的环境现状也被越来越多的市民所关注，地铁站内及车厢的环境品质问题也引起各国学者的关注。

1.1 背景

1.1.1 细颗粒物污染现状

在我国工业化与城镇化的发展过程中，能源消费致使大量的空气污染物排放，造成了严重的空气污染问题。《中国国家环境分析（2012）》报告指出，2012年全球十大环境污染最严重的城市，中国占3个，且每年由于空气环境污染所造成的经济损失占国民生产总值的1.2%～3.8%。

2013年，中国北京以及广大中东部地区更是遭遇持续的雾霾天气，甚至被舆论称为“雾霾中国”。而从2013年1月，中国环保部在全国74个重点城市实施新的环境空气质量标准（GB3095—2012），并启动全面的大气PM2.5浓度监测。根据环保部发布的《中国环境状况公报》，在多数地区和城市，PM2.5、PM10和O_3是三种主要大气污染物。2013年至2016年，74个重点城市年平均大气PM2.5浓度分别为72μg/m^3、64μg/m^3、55μg/m^3、50μg/m^3。虽然大气PM2.5浓度呈现逐年下降的趋势，但仍超过国家环境空气质量标准二级浓度限值与世界卫生组织的过渡时期目标值35μg/m^3，远高于世界卫生组织的空气质量准则值10μg/m^3。京津冀等重点区域的大气污染状况更为严重。2013年至2015年，京津冀地区13个地级以上城市年均大气PM2.5浓度分别为102μg/m^3、93μg/m^3、77μg/m^3。虽然空气质量逐年好转，但大气PM2.5浓度仍普遍高于全国平均水平及空气质量标准的浓度限值。加之冬季易发生长时间大范围的高浓度PM2.5污染事件，京津冀地区空气质量状况仍急需改善。长三角地区城市2013年至2015年大气PM2.5平均浓度分别为67μg/m^3、60μg/m^3、53μg/m^3，普遍低于全国和京津冀地区的平均水平，但尚未达到空气质量标准，也仍需要较大幅度的改善。从《2017中国环境状况公报》可看出全国338个地级及以上城市中，有99个城市环境空气质量达标，占全部城市数的29.3%；239个城市环境空气质量超标，占70.7%。截至2019年公布的《2018中国环境状况公报》全国338个地级及以上城市中，有121个城市环境空气质量达标，占全部城市数的35.8%，年平均大气PM2.5浓度为39μg/m^3。从历年的《中国环境状况公报》可看出，近年来我国空气质量确实在持续发生良性变化，但仍有近三分之二的城市未达标。因此，对于空气质量的把控与治理仍是一项重要工作，对于细颗粒污染物的研究也仍需我们进一步探索。

1.1.2 细颗粒物污染研究

根据上节1.1.1的介绍，我们发现细颗粒污染物所造成的空气污染问题正是目前室外空气质量迫切需要解决的问题之一。

细颗粒物是由多种成分组成的混合体，且其形成来源众多，对环境以及人体健康的危害表现在众多方面。因此，对于细颗粒物污染问题的研究是多门学科的交叉性综合研究，研究内容也较为广泛的涉及了医学、化学、工学、环境学等众多学科的知识。研究方向主要有：细颗粒物对人体健康的危害，颗粒物的组成成分及源解析，工业手法解决颗粒物的科学改进措施，以及细颗粒物对环境的危害。随着对细颗粒物研究的深入，关于细颗粒物相关标准及政策的制定也受到学者们的重视，对细颗粒污染物的研究也更为广泛。鉴于对细颗粒污染物的研究关系到人民的健康和经济的持续发展，其重要性不言而喻，因此得到了国家、地区、高校及科研院所的各种名目相关类别专项基金的支持，部分项目还得到了国际科技合作重点项目计划，国际原子能机构等国内外合作项目的资金支持。

我国对于细颗粒物污染物的研究工作从1995年到2005年成直线上升趋势，在2005年后的5年左右时间内相关研究工作趋势仍持续增长。2012年，我国室外空气质量污染问题严重，众多专家学者开始重视这一现象，对于细颗粒物的相关研究也较之前爆发式翻倍增多。目前，从颗粒物的相关研究文章可看出，细颗粒污染物相关内容至今仍是许多研究人员持续关注的研究课题。相关研究成果除了作为博硕士论文以及期刊发表外，还有不少相关会议的论文集进行收录。

关于细颗粒污染物今后的研究方向，除了对消除颗粒物的普适技术的研发外，以本书所研究的地铁细颗粒物为例，可更为深入细致地研究针对性领域的细颗粒污染物的危害以及防治措施，这也是未来细颗粒物的研究方向之一。

1.2 城市地铁建设现状

1.2.1 地铁发展史

地铁是涵盖了城市地区各种地下与地上的路权专有、高密度、高运量的城市轨道交通系统。作为城市公共交通的重要组成部分，地铁缓解城市交通压力，拓展城市空间。在全球变暖问题下，一般的汽车使用汽油或石油作为能源，而地铁使用电能，没有尾气的排放，不会污染环境，是最佳大众交通运输工具。与城市中其他交通工具相比，它还具有运量大、准时、速度快等优点。地铁的运输能力要比地面公共汽车大7～10倍，是任何城市交通工具所不能比拟的。它的正点率一般比公交高，并且地铁列车在地下隧道内风驰电掣地行进，行驶的最高时速普遍达到80km，部分可超过100km，甚至有的达到了120km。

1863年，世界上第一条用蒸汽机车牵引的地下铁道线路在英国伦敦建成通车，它标志着城市快速轨道交通在世界上诞生。由于列车在地下隧道内运行，尽管隧道里烟雾熏人，但当时的伦敦市民甚至皇亲显贵们都乐于乘坐这种地下列车，因为在拥挤不堪的伦敦地面街道上乘坐公共马车，其条件和速度还不如地铁列车。世界第一条地下铁道的诞生，为人口密集的大都市如何发展公共交通取得了宝贵的经验。1879年电力驱动机车的研究成功，使地下客运环境和服务条件得到了空前的改善，地铁建设显示出强大的生命力。从此以后，世界上一些著名的大都市相继建造地下铁道。

1896年，当时奥匈帝国的布达佩斯开通了欧洲大陆的第一条地铁，共有5公里，11站，现今仍在使用。

1895年至1897年波士顿建成美国第一条地铁，长2.4km。起初用有轨电车及无轨电车，后改为电气火车。1904年10月27日，当时世界最大的地铁系统在纽约市通车，虽其名为地铁，但约40%的路轨形式为地面或高架。截至目前，纽约地铁有30条线路，472个车站（换乘站按重复计站），堪称世界上地铁线路和车站最多的城市。它也是世界上唯一全天24小时运营的地铁。如图1–1为纽约地铁站内景。

1898年巴黎开始建造一条长10km的地铁，1900年法国的巴黎地铁开通。为举办“凡尔赛展览会”而修建的巴黎第一条地下铁道从巴士底通往马约门，全长约10km，它为巴黎地铁网络的发展和完善打下了基础。时至今日，巴黎市区已拥有地铁线路15条，其中2条为环线，有4条地铁采用橡胶轮体系的VAL车辆。巴黎地铁符合浪漫之都的自由气息，车站的古典氛围让人神往。如图1–2为巴黎地铁站站内景。

图1–1 纽约地铁站内景

图1–2 巴黎地铁站内景

图1–3 莫斯科地铁站内景

经统计，于1863年至1899年间，美国、英国、法国、匈牙利、奥地利等5个国家的7座城市相继修建了地铁。

20世纪初至1945年，在这45年间，又有13座城市相继建成了地铁。

柏林的第一条地铁开通于1902年。发展至今，市区地铁已四通八达，有的线路已采用自动化运行技术。1913年，位于南美洲的布宜诺斯艾利斯地铁建成通车。亚洲日本的东京、京都、大阪、名古屋等地先后于1927年、1931年、1933年和1957年陆续建成地铁。东京是全亚洲与日本最早有地下铁路线开通的城市，地下共六层的站台与地面火车站浑然一体。整洁、秩序井然是东京地铁的特点之一。

莫斯科第一条地铁于1935年建成通车。莫斯科地铁被公认为是世界上最漂亮的地铁，地铁站的建筑造型各异、华丽典雅。每个车站都由国内著名建筑师和艺术家设计，以不同历史事件或历史人物为主题，采用五颜六色的大理石、花岗石、陶瓷和彩色玻璃镶嵌各种浮雕和壁画装饰，辅以华丽的照明灯具，好像富丽堂皇的宫殿，享有“地下宫殿”之美称。图1–3是莫斯科地铁站内景。

在20世纪50年代至90年代之间，世界范围内的城市地下铁道有了迅速发展。其主要原因之一是在二战（第二次世界大战的简称）后以和平发展为主流的年代里，亚洲、拉丁美洲、东欧的城市化进程加快，数百万人口的城市不断增加。世界进入和平发展时期，又有30余座城市地铁相继通车，其中亚洲有20余座城市开通了地铁。在此期间开通于1968年的朝鲜首都平壤市的地铁最深处达地下200m，平均深度亦达100m，某些山区路段更深至150m，因此除了交通运输外，平壤的地铁系统还有防空洞的功能。它被称得上世界埋深最深的地铁。

1999年统计资料显示，世界上已经有41个国家115座城市建成了地下铁道，线路总长度超过7000km。即使进入21世纪，城市轨道建设仍在飞速发展。截至2018年12月底，世界地铁（含轻轨）总里程排名前十位的城市如表1–1所示。

世界地铁（含轻轨）总里程城市排名表　　表1-1

排名	所属城市	所属国家	里程（km）
1	上海	中国	637.0
2	北京	中国	588.3
3	广州	中国	478.0
4	伦敦	英国	420.0
5	南京	中国	378.4
6	纽约	美国	373.0
7	墨尔本	澳大利亚	372.0
8	东京	日本	332.9
9	莫斯科	俄罗斯	327.5
10	首尔	韩国	327.1

1.2.2 中国地铁建设

中国最早规划地铁的城市是长春。早在1939年，“伪满洲国”在《大“新京”都市计划》中规划建设120公里的长春环城地铁。而中国最早建设的地铁是北京地铁。规划始于1953年，工程始建于1965年，最早的线路竣工于1969年，北京地铁一期工程赶在新中国成立20周年之时建成通车，试运营于1971年1月。至此，北京成为中国第一个拥有地铁的城市。

20世纪90年代之前，中国只有北京、香港和天津拥有地铁。三个城市分别在1969年、1979年和1984年运营了第一条地铁线路，其中天津的第一条地铁现已拆除重建。由于我国内地技术水平和经济实力的限制，一直到20世纪末，仅北京、上海和广州三座城市拥有地铁。进入21世纪以来，我国城市人口快速增长，城市不断扩张，经济贸易频繁，使得百万以上的大城市迅速增加，与此同时我国进入地铁建设的一个大发展时期。

1956年8月23日，根据中共中央关于防止帝国主义突然袭击的指示，上海市政建设交通办公室编制提交《上海市地下铁道初步规划（草案）》，成立上海市地下铁道筹建处，对上海轨道交通开展了规划设计、方案论证和实验研究。1990年1月19日，上海地铁1号线正式开工建设。1993年5月28日，上海地铁1号线南段（徐家汇站至锦江乐园站）开始观光试运行，线路全长6公里，共设车站5座。上海全网运营线路总长705公里，车站415座，在世界城市地铁长度排名当中高居榜首，是世界上线路最长的地铁系统。

近几十年来，随着基建投入的增加，中国城市的地铁建设也进入了快车道。截至2019年6月，中国已开通的城市地铁有38个，分别是：北京地铁、港铁、天津地铁、台北捷运、广州地铁、长春轨道交通、大连地铁、武汉轨道交通、深圳地铁、南京地铁、高雄捷运、沈阳地铁、成都地铁、佛山地铁、重庆轨道交通、西安地铁、苏州轨道交通、昆明轨道交通、杭州地铁、哈尔滨地铁、郑州地铁、长沙地铁、宁波轨道交通、无锡地铁、青岛地铁、南昌地铁、福州地铁、东莞轨道交通、南宁轨道交通、合肥地铁、桃园捷运、石家庄地铁、贵阳轨道交通、厦门地铁、乌鲁木齐地铁、温州轨道交通、济南轨道交通、兰州轨道交通。

根据统计，截至2018年12月，各个城市的地铁里程排行前十位如表1–2所示。

其中，重庆轨道交通10号线是埋深最深的地铁线路，其中红土地站埋深94.467m，深度居全国地铁站第一。而天津地铁1号线，最浅处埋深仅2～3m，可谓世界上埋深最浅的地铁。面积最大的地铁站是南京地铁的新街口站，新街口站是南京地铁1号线和南京地铁2号线的换乘车站，共有24个出口，为地下3层岛式车站。出入口最多的地铁站是深圳地铁的福田站，共有36个出口。

城市地铁里程排行榜 表1–2

排名	所属城市	所属省/自治区/直辖市/特别行政区	里程（km）
1	上海	上海市	637.13
2	北京	北京市	600.64
3	广州	广东省	478.00
4	南京	江苏省	378.40
5	重庆	重庆市	313.60
6	武汉	湖北省	287.62
7	深圳	广东省	285.03
8	香港	香港	230.90
9	成都	四川省	226.01
10	天津	天津市	219.92

根据中国各地政府的规划，中国在2020年将有超过40个城市拥有地铁系统，一位美国轨道交通爱好者Peter Dovak*制作的中国城轨1990年至2020年的动态图，非常形象地展示了中国城轨惊人的扩张过程。如图1–4为1990年中国的地铁示意图，图1–5为预计2020年中国的地铁示意图。

站在历史的某个时点，你绝对无法预知中国城市轨道交通今天所能取得的成就，即使现在你也无法判断中国城市轨道交通未来能够达到的高度。北京奥运会后，中国地铁正式进入更快更好的发展时代，不仅有量的变化，也取得了质的变化。在规划设计理念、施工工艺、设备集成创新和运营管理等方面也逐渐赶超或达到发达国家水平。如图1–6为G20国家地铁规模对比图。

1.2.3 中国地铁运行

1969年10月1日，中国首条地铁——北京地铁一期工程正式通车运营，至2019年，中国地铁已经过了50年的发展成长历史。回看这50年的地铁运营，不论从地铁线路里程到地铁载客人数都有翻天覆地的变化，地铁在与城市居民越来越密不可分的同时，也推动了城市轨道交通建设的发展。

* 为便于查阅，书中部分外文人名均不作音译处理。

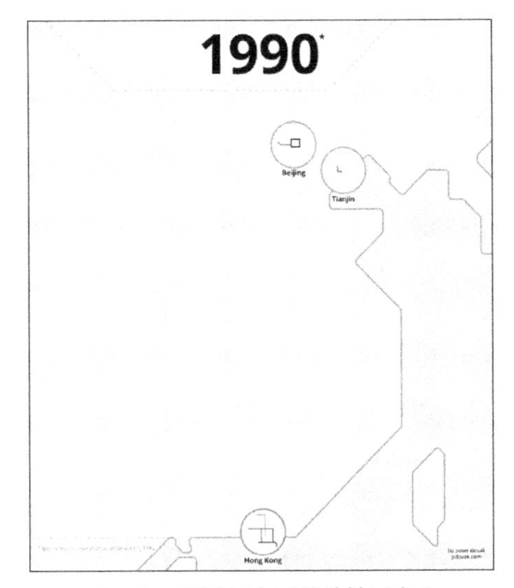

图1-4 1990年中国的地铁示意图

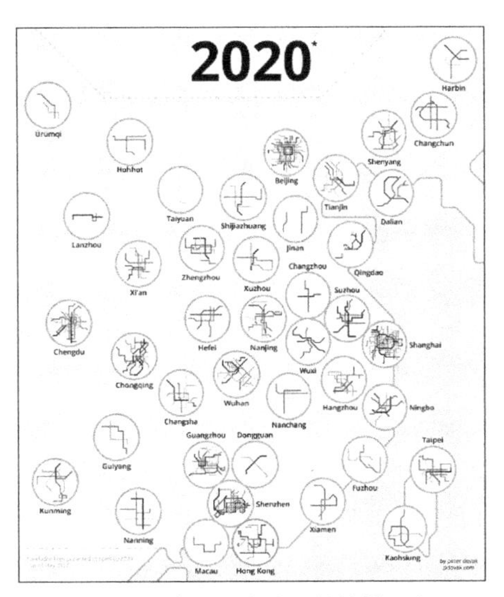

图1-5 预计2020年中国的地铁示意图

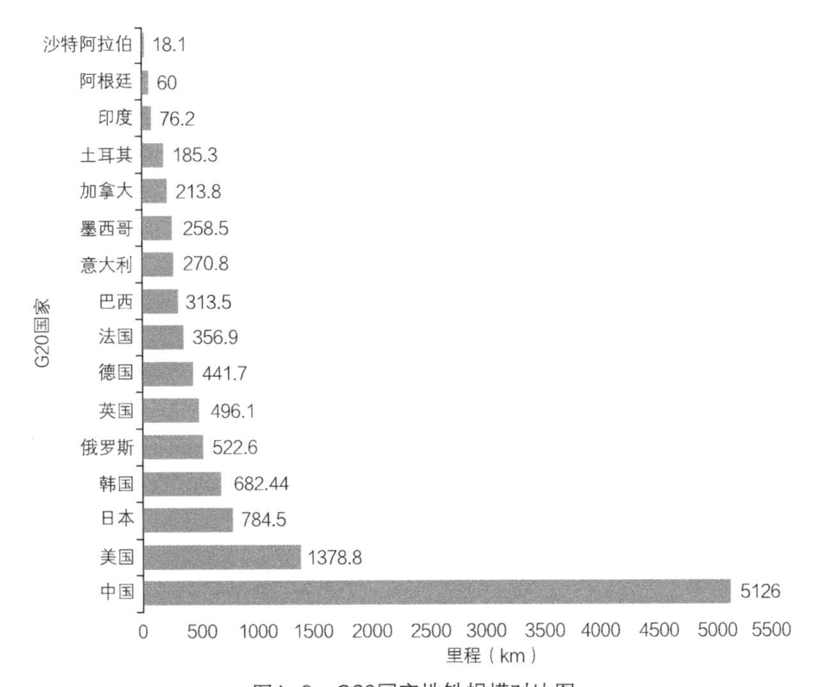

图1-6 G20国家地铁规模对比图

50年间，我们的城市轨道交通车辆制式也越来越丰富，逐步发展出了A、B、C、L、As、APM、单轨、低地板铰接车、中低速磁浮和高速磁浮等多种制式，以满足不同的交通需求。虽然我们的车辆制式越来越丰富，但是A、B型车一直以来都是中国城市轨道交通的“主力军”，A、B型车运营里程占比达88.7%，线路数量占比达87.3%。

我国地铁采用国有运营模式，有两种地铁票制。一种是“按里程计价、递远递减”，并指定起步价，随着乘坐距离增加，票价涨幅会降低；另一种是按照区间计价，也指定起步价，根据乘坐的站数来计价。经过资料统计发现，至2017年底，我国30个城市的地铁站票价，只有哈尔滨、沈阳、天津实行按区间计价，其他27个城市全部采用按里程计价。*

30个城市中，只有北京、上海起步价为3元，其他27个城市起步价为2元。花2元钱，南京可乘坐10km，是按照里程计价的27个城市中，可乘坐距离最远的城市。乘坐距离最少的为成都等9个城市，只能乘坐4km，乘坐里程长度仅为南京的40%。图1–7至图1–15为2元到10元可乘坐里程的各自统计图。

近年来，我国大力推广城市轨道交通，地铁大多在地下运行，可以有效减少地面拥堵，因此备受城市规划者青睐。根据中国城市轨道交通协会发布的《2018年中国城市轨道交通年度统计分析报告》，截至2018年底，城市轨道交通运行线路中，6种制式同时运营，地铁里程为4354.3km，占总长的75.76%。其中居前三位的是：上海地铁线路长度为669.5km，北京地铁线路长度为617km，广州地铁线路长度为452.3km。2018年新增城市轨道运营线路728.7km中，地铁占64.6%，即470.7km。根据《2018年中国城市轨道交通年度统计分析报告》的统计，2018年单线客运强度最高为广州地铁1号线，5.6万人次/公里，其后依次是北京地铁4号线4.38万人次/公里、广州地铁2号线和8号线均为4.23万人次/公里。从线路来看，高峰小时断面客流最高的4条线路依次是：广州地铁3号线6.43万人次、北京地铁6号线6.06万人次、上海地铁工昌线5.84万人次、北京地铁4号线5.69万人次。2018年，全国城轨交通高峰小时最小发车间隔平均为265秒。进入120秒及以内的线路只有10条，其中以上海地铁9号线116秒最短，广州地铁3号线118秒次之，另有北京地铁1、2、4、5、10号线，上海地铁6、11号线，成都地铁1号线共8条线路高峰小时最小发车间隔为120秒。通过统计表1–3可看出2018年各城市地铁运营具体情况。

南京 10
武汉 9
合肥 8
长春 7
大连 6
石家庄 6
苏州 6
南昌 6
南宁 6
长沙 6
郑州 6
西安 6
重庆 6
青岛 5
无锡 5
福州 5
杭州 4
厦门 4
广州 4
深圳 4
佛山 4
宁波 4
东莞 4
昆明 4
成都 4
北京
上海
哈尔滨
沈阳
天津
北京、上海起步价为3元6公里
哈尔滨、沈阳、天津实行按区间计价

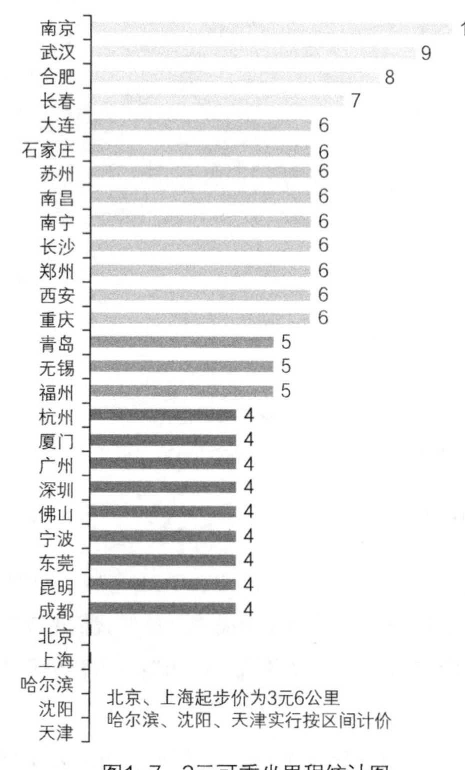

图1–7 2元可乘坐里程统计图

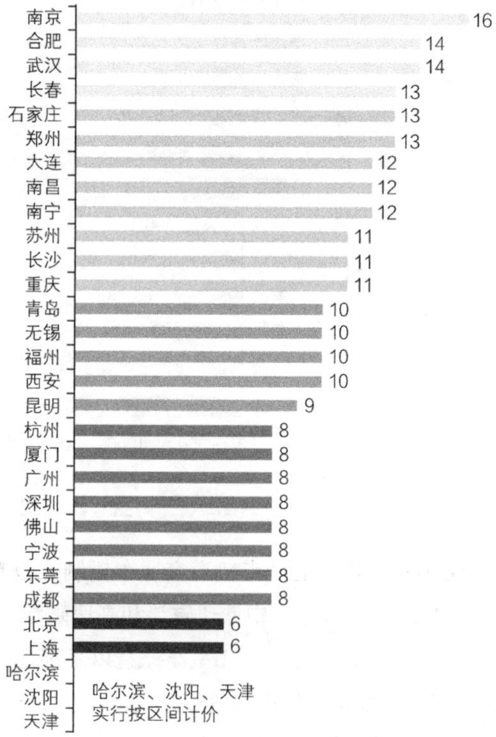

南京 16
合肥 14
武汉 14
长春 13
石家庄 13
郑州 13
大连 12
南昌 12
南宁 12
苏州 11
长沙 11
重庆 11
青岛 10
无锡 10
福州 10
西安 10
昆明 9
杭州 8
厦门 8
广州 8
深圳 8
佛山 8
宁波 8
东莞 8
成都 8
北京 6
上海 6
哈尔滨
沈阳
天津
哈尔滨、沈阳、天津
实行按区间计价

图1–8 3元可乘坐里程统计图

* 台北市数据不全，个别处未计入，下同。

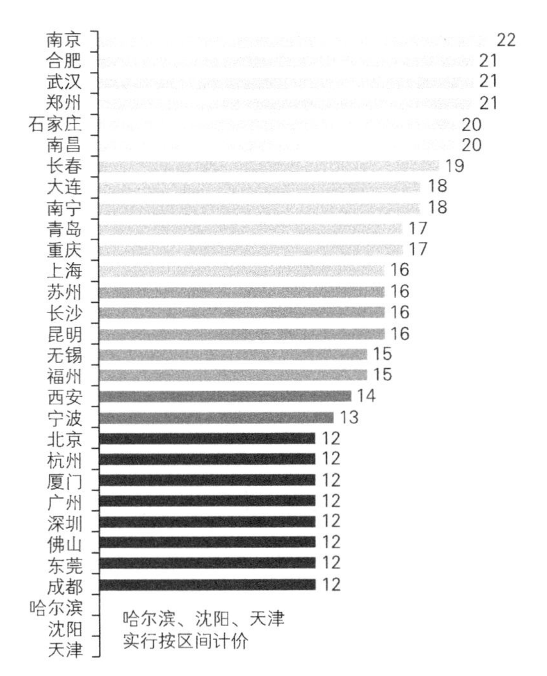

图1-9　4元可乘坐里程统计图

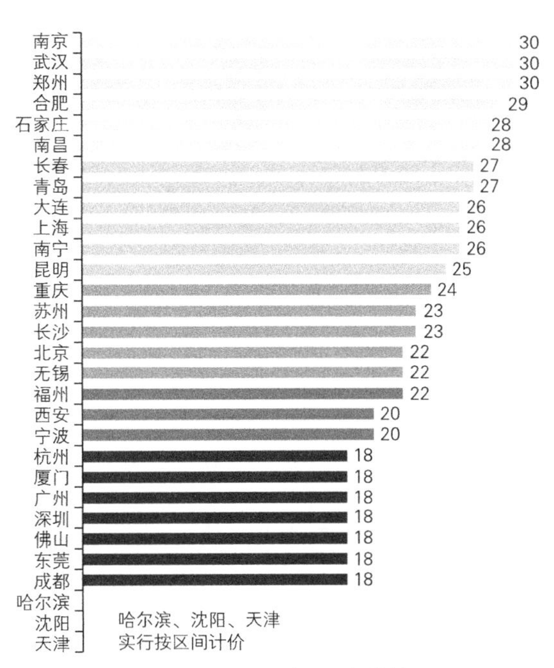

图1-10　5元可乘坐里程统计图

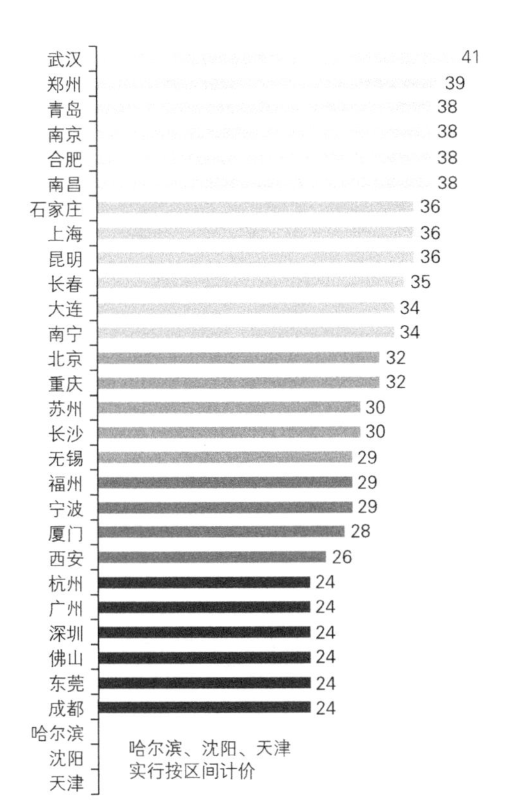

图1-11　6元可乘坐里程统计图

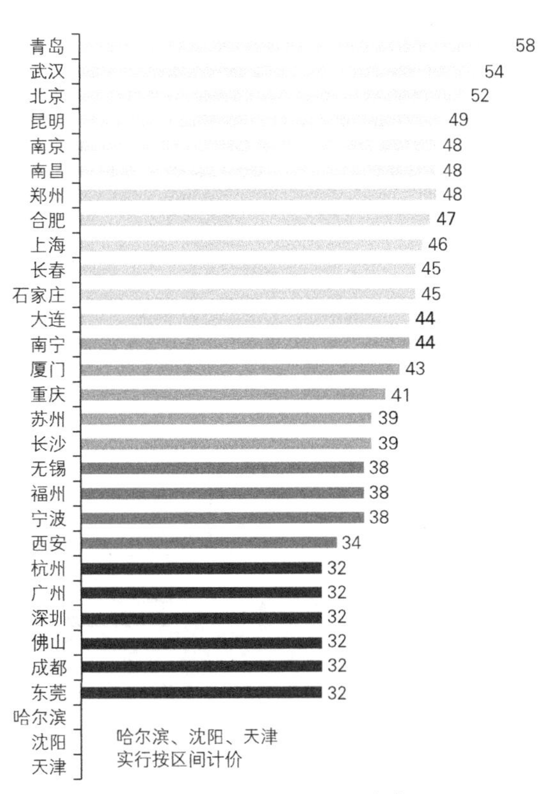

图1-12　7元可乘坐里程统计图

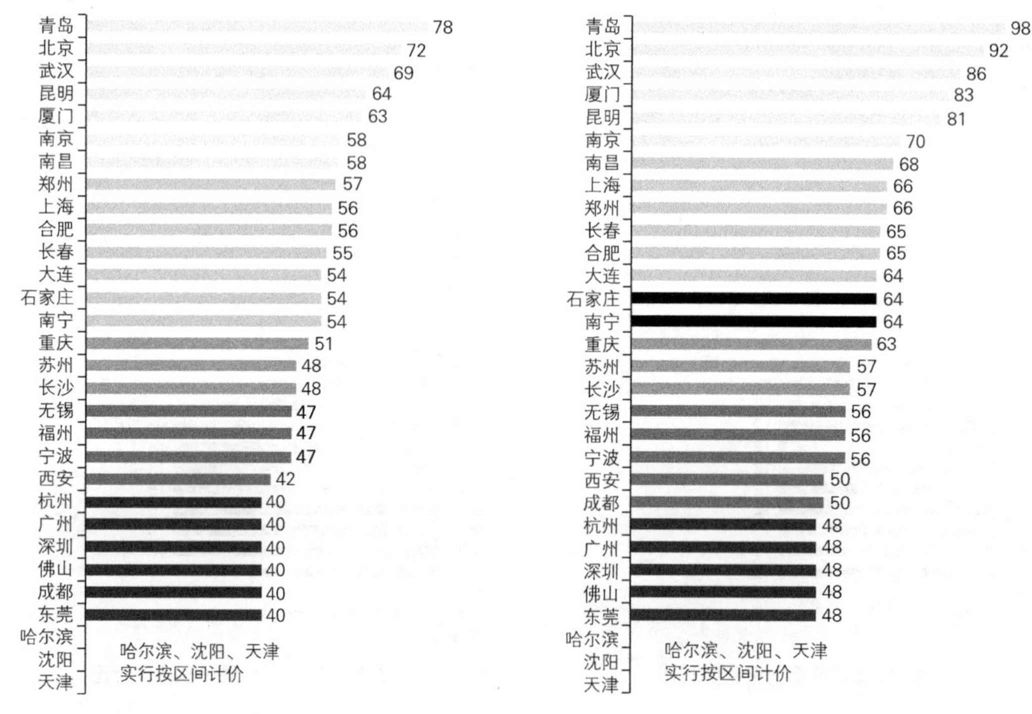

图1-13 8元可乘坐里程统计图

图1-14 9元可乘坐里程统计图

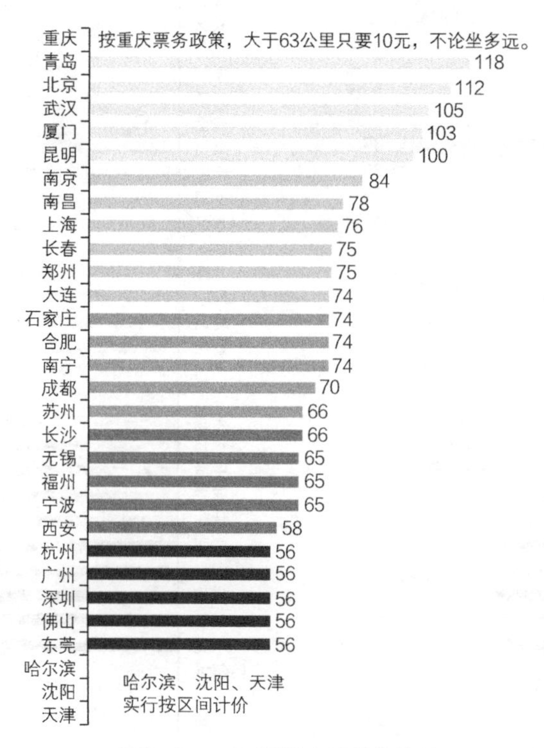

图1-15 10元可乘坐里程统计图

对于地铁未来的规划，从《2018年中国城市轨道交通年度统计分析报告》中可看出，7611km规划线路包含地铁、轻轨、单轨、市域快轨、现代有轨电车和APN 6种制式。其中，地铁6118.8km，占比80.4%。2018年各城市地铁规划线路规模统计表如表1-4所示。

2018年各城市地铁运营情况表　　表1-3

序号	城市	线路条数（条）	线路长度（km）	平均旅行速度（km/h）	配属列车（列）	客运量（万人次）	客运周转量（万人公里）
1	北京	20	617	37.7	939	384162.9	3353123.1
2	上海	15	669.5	37.4	815	369840.0	3371621.9
3	天津	5	166.7	33.3	173	35983.3	287557.6
4	重庆	7	214.9	43	172	43874.2	443148.6
5	广州	13	473.8	44.1	478	300806.0	2256542.5
6	深圳	8	285.9	37.3	351	163702.4	1427119.2
7	武汉	8	263.7	35.6	305	89933.2	686806.2
8	南京	5	176.8	38.7	203	101267.1	752478.5
9	沈阳	2	59	32.4	64	31603.0	242670.4
10	长春	2	38.6	33.6	43	4901.9	29691.2
11	大连	2	54.1	33.1	58	12893.4	96135.3
12	成都	6	222.1	37.4	30	115754.2	900746.4
13	西安	4	123.4	34.2	175	74624.6	575323.3
14	哈尔滨	2	21.8	29.4	21	9742.0	57028.6
15	苏州	3	120.7	32.3	122	32413.7	230831.0
16	郑州	3	93.6	35.9	106	29340.7	288196.7
17	昆明	3	88.7	42.4	82	19957.7	196504.5
18	杭州	3	114.7	33.6	135	52985.2	464868.1
19	佛山	—	21.5	—	—	—	—
20	长沙	2	48.8	31.9	55	24699.8	152307.1
21	宁波	2	74.5	38	61	12437.1	100424.8
22	无锡	2	55.7	34.5	46	10312.0	75669.3
23	南昌	2	48.5	33.6	49	14175.8	104913.5
24	青岛	2	44.9	32.3	51	13946.7	104870.3
25	福州	1	24.6	32.1	28	6087.6	42928.3
26	东莞	1	37.8	53.9	20	4605.1	60364.1
27	南宁	2	53.1	34.1	51	21362.1	159483.1

续表

序号	城市	线路条数（条）	线路长度（km）	平均旅行速度（km/h）	配属列车（列）	客运量（万人次）	客运周转量（万人公里）
28	合肥	2	52.3	32.3	54	15323.6	116349.9
29	石家庄	2	28.4	32.5	33	8760.2	50650.5
30	贵阳	1	33.7	34.2	31	744.1	5903.4
31	厦门	1	30.3	36.7	40	4164.6	43644.9
32	乌鲁木齐	1	16.7	35.5	14	244.0	1777.9
总计/平均		131	4354.3	37.3	5084	2010648.2	16679680.2

2018年各城市地铁规划线路规模统计表 表1-4

排名	城市	规划建设线路长度（km）	地铁（km）
1	北京	438.9	401.1
2	上海	413.1	311.3
3	天津	295.7	295.7
4	重庆	267.5	239.5
5	广州	271.2	256.8
6	深圳	263.5	263.5
7	武汉	291.0	260.8
8	南京	240.3	194.1
9	沈阳	123.8	123.8
10	长春	162.5	105.6
11	大连	144.3	101.5
12	成都	347.5	279.5
13	西安	224.3	224.3
14	哈尔滨	72.1	72.1
15	苏州	312.7	229.6
16	郑州	106.1	106.1
17	昆明	110.0	110.0
18	杭州	399.7	339.0
19	佛山	116.8	102.5
20	长沙	213.1	213.1
21	宁波	124.0	100.1

续表

排名	城市	规划建设线路长度（km）	地铁（km）
22	无锡	59.1	59.1
23	合肥	123.3	123.3
24	南昌	96.4	96.4
25	青岛	211.3	150.6
26	福州	150.9	150.9
27	南宁	100.2	100.2
28	石家庄	56.5	56.5
29	济南	84.4	84.4
30	太原	49.2	49.2
31	兰州	36.0	36.0
32	贵阳	140.9	80.3
33	乌鲁木齐	89.7	89.7
34	呼和浩特	49.0	49.0

1.3 地铁内环境现状

1.3.1 地铁舒适性

1992年，热舒适在美国供暖制冷空调工程师学会的标准中被定义为：人体对热环境表示满意的意识状态。热舒适性主要研究了周围环境参数、人体生理因素、心理因素对热舒适的影响，从而预测不同环境下人体热感觉，以确定人体舒适区范围。但是关于热舒适性的前期研究却远远早于此。起先莱昂纳德·希尔（Leonard Hill）爵士提出了最早的热舒适指标，但是该指标未考虑空气湿度的影响，有其局限性。在1923年，霍顿（Houghton）和Yaglou等人在研究湿度对空调建筑内人体热舒适影响时，将温度、湿度、舒适性三者相结合，提出了有效温度ET，但在低温条件下，湿度对人的热舒适性影响有效温度存在偏差，且未考虑皮肤湿润度的影响，后被新的有效温度指标所代替。范杰（Fanger）在实验数据的基础上，发表了热舒适方程式，随后，范杰等人以此为基础，发表了至今仍然被大家广泛使用的热舒适评价指标（PMV），它的科学性在于能够代表一个环境中绝大多数人的热感觉（由于人与人之间存在个体差异，因此PMV指标并不一定能够代表所有个人的感觉），这一指标被广泛应用于建筑环境热舒适性评价中。加奇（Gagge）等人在有效温度里加入皮肤湿润度这一因素，得到了新的有效温度ET，使得有效温度的概念更加科学化。至此，对于热舒适有了全新的理解：一般是指人们对所处的周围环境所做出的冷热感觉主观满意度评价，主要包括物理方面、生理方面、心理方面三项内容，它是一个综合作用的结果。

影响热舒适的物理因素主要有：空气温度，温度的高低直接影响了人体皮肤与环境之间的温差，从而影响了对流换热和辐射换热的热交换量。空气湿度，人在偏暖的环境中需要出汗来维持身体的热平衡，增加空气湿度不能改变出汗量，但却能使皮肤的湿润度发生改变，皮肤湿润度的增加，会增加皮肤的“黏着性”，从而导致了人体的热不舒适感。平均辐射温度，指的是对人体辐射换热有影响的周围各表面温度的平均值，它与空气温度、黑球温度和空气流速有关，受人体的着装情况、周围围护结构的表面温度和人当下的姿势等众多因素影响。空气流速，对人体热舒适的影响主要表现在影响人体和空气的对流换热和蒸发散热。尽管较高的风速可以满足人体散热的需求，让人处于热中性的状态，但是会给人带来吹风的烦扰感、黏膜的不适感和压力感等，而过小的风速可能会造成空气不流通，从而可能给人造成闷热的感觉，进而引起不适感。除了以上四点环境因素会影响人体热舒适以外，还有个人因素也会影响人们的热舒适感，包括服装热阻和运动量等。服装热阻对人体的热舒适的影响主要体现在人体与环境之间的辐射和对流换热的大小。有研究表明，服装热阻每增加0.1℃，相当于环境温度增加了0.6℃。运动量对人体热舒适的影响反映在新陈代谢率上，新陈代谢可以使人体不断产生能量来维持体温，是影响热舒适的重要因素之一。

众多影响因素复合作用于人体时，对于人体的感知评价便不再那么明确，因此研究学者提出了热舒适评级指标。1936年英国的托马斯·贝德福德（Thomas Bedford）将热感觉与热舒适结合在一起率先提出了贝氏标度。1966年ASHRAE提出了七点标度，相比贝氏标度，ASHRAE的七点标度更加精确地指出了热感觉。详见表1-5贝德福德（Bedford）和ASHRAE的七点标度评价表。之后在范杰教授提出的PMV指标的基础上，ISO7730标准中采用了PMV—PPD指标来评价和描述热环境，该标准对PMV—PPD指标的推荐值为-0.5～+0.5之间，代表了允许人群中有不超过10%的人感觉不满意。

贝德福德 和 Ashrae 的七点标度评价表　　表1-5

贝氏标度		ASHRAE热感觉标度	
7	过于暖和	+3	热
6	太暖和	+2	暖
5	令人舒适的暖和	+1	稍暖
4	舒适（不冷不热）	0	中性
3	令人舒适的凉快	-1	稍凉
2	太凉快	-2	凉
1	过于凉快	-3	冷

但上述标准均为稳态环境下的热舒适评价指标，由于人在动态热环境中的心理反应和生理反应要比在稳态环境中复杂，该方法并不能反应热环境的动态变化对人体热舒适的影响。目前，针对动态环境中人体热舒适的研究，除了研究人员通过模拟人体体温调节机制，根据周围热环境的变化而建立的数学模型来推测人在动态环境中的热感觉变化外，另一种就是可以推测人员在过渡区间下的热舒适的相对热指标RWI和热损失率指标HDR。相对热指标RWI和热损失率指标HDR是美国运输部为确定地铁

车站站台、站厅和列车空调的设计参数提出的考虑人体在过渡空间环境的热舒适指标，分别适用于较暖的环境和较冷的环境。

由于科技与经济的发展，人们越来越重视身体健康以及生活的舒适度。人们已经意识到，良好的室内热环境不仅有助于身体健康，而且还能够提高人们的工作效率，减少建筑空调运行等造成的能耗。因此，在基础性理论研究的背景下，国内外针对建筑室内环境热舒适性开展了广泛的研究，研究领域包括办公建筑、居住建筑、商业建筑等。在交通建筑领域，随着地铁行业的发展，越来越多的居民出行选择地铁，地铁乘客的热舒适度也引起了学者的重视。

针对地铁开展的环境热舒适性研究从研究方法和研究特点上来看，以采用现场客观物理环境测试和主观问卷调查相结合的方法居多，研究角度各不相同，但主要分为四方面：评价指标的改进与研究、车站热舒适性数值的测试、乘客的主观实测感受以及车站节能潜力的研究。而后期分析研究所选用的方法也不同，主要分为两种类型：现场调查与数理统计方法相结合以及现场调查与计算机模拟方法相结合。对于实测数据与计算机模拟相结合的方法，进一步采用Energy Plus、Fluent等软件模拟的技术手段，主要集中于通风制冷的主动调节控制和节能关系。

鉴于研究地铁热舒适的目的，是使乘客舒适的情况下最大化节能，地铁热舒适的研究与地铁内细颗粒物研究有着较多的相似之处。首先的就是随着地铁的普及，乘客人数以及搭乘时长在增长，这使得乘客无论在地铁车站还是在车厢的主观感受变得越来越重，即乘客在搭乘地铁这一交通工具，身体的短期感受以及长远健康受到影响。其次，他们的研究方法上也有相同之处，考虑到各地区、各构造地铁的众多特性，对实际线路站台进行测量在两项研究中都是必不可少的，而通过实测所找到的影响热舒适以及空气质量的相关影响因素具有重叠因素，因此两项实测研究具有相似性。再者，风流对颗粒污染物的移动以及乘客热舒适均有影响，因此均可采用相同软件进行数值模拟。总之，地铁行业的持续性发展将使地铁细颗粒物的研究与地铁的热舒适研究更为受到人们关注，消除各种不利于乘客健康的因素也是众多研究人员今后持续努力的方向。

1.3.2 地铁空气品质存在的问题

鉴于地铁内部结构的复杂性，我们将地铁简化看作由固定的车站与移动的车厢两部分。

对于固定部分的车站，建筑结构相对封闭，自然通风不足，缺乏新风，其内部主要依靠通风空调系统进行通风、热湿调节。目前地铁通风空调系统的设计更多地偏重于热湿处理，忽视了室内空气品质，同时地铁内的空气净化设备多是初中效过滤器，更导致了地铁内空气品质恶化。不同车站虽然车站构造和使用环控系统各有差异，但是对比完全的地上建筑，地铁的空气流动性较差，且站台、展厅内的人流密度大，是易引发传染性疾病的高危场所。

对于移动部分的列车车厢，车厢的封闭性使其通风主要依靠空调系统，空气流动性较差，同时车厢同样存在较高的人流量，同样也易引起疾病。虽然车厢类似于移动性建筑，对比于固定的车站，动态的车厢貌似具有了更好接触自然空气的可能性，但鉴于地铁的特殊性，隧道内的颗粒污染物同样使车厢部分处在较为糟糕的空气环境中。而对比于车站，乘客更多的时间处于运行状态的车厢中，因此，车厢内的空气质量对市民的身体健康影响不容忽视。

据美国环境保护署（EPA）对万人的跟踪调查显示，早在1993～1994年间，人们每天在交通工具上度过的时间约占一天的7.2%。由于地铁存在自然通风不足、缺乏自然采光、人群聚集且流动性大等健康危害因素，极易累积并引发群体性公共卫生事件。因此，亟需提高我们对地铁内空气品质研究的重视程度并制定有关标准规范，否则很可能会出现与病态建筑综合征类似的严重问题。地铁内的空气品质，除了包含地铁内的温度、湿度等对乘客舒适度的影响外（1.3.1节所论述内容），还包含地铁空气中的污染物对乘客健康造成的不容忽视的影响。

地铁系统中存在的健康危害因素按照污染物性质可以分为物理性（温、湿度和风速）、化学性（可吸入颗粒物、CO_X、SO_2、NO_X、TVOC、甲醛、苯、Rn、O_3）和生物性（细菌种数、溶血性链球菌、军团菌）三大类。其中，可吸入颗粒物（PM10、PM2.5）由于成分复杂、对人群健康危害大而日益受到公众关注。同时，人群在公交车、自行车、汽车、地铁等各种交通方式中的PM2.5暴露水平几乎是相应城市固定监测点背景值的两倍。地铁系统PM2.5污染水平高于其他交通方式3～8倍，且存在季节性差异。因此，随着地铁的飞速普及，地铁内细颗粒污染物的研究也亟需重视。

1.4 本章小结

鉴于本书讨论的重要环境污染物——细颗粒物这一大方向，本章先对细颗粒物的污染现状进行描述，并对细颗粒物的相关研究内容进行介绍性论述。结合本书的主要研究环境范围，本章在1.2节对地铁的发展进行概述，并在最后一节提出了地铁现存影响乘客健康的相关研究问题。

参考文献

[1] 轨道交通：大面积覆盖比赛场馆缓解地面交通压力．国际在线．2009-07-16.

[2] 王新如．地铁车站细颗粒物分布规律及运动特性研究[D]．北京：北京工业大学，2017.

[3] 曹小曙，林强．世界城市地铁发展历程与规律[J]．地理学报，2008（12）.

[4] 田鸿宾，孙兆荃．世界城市地铁发展综述[J]．土木工程学报，1995（1）：73-78.

[5] 2016 Comprehensive Financial Report.Metropolitan Transportation Authorit.

[6] 上海地铁："不宜建造"的百年奇迹.新民周刊．2018-05-23.

[7] 王润清，游莹莹．城市地铁建设的综述与展望[J]．科技展望，2016（5）.

[8] 周俊彦，魏润柏．热舒适条件下环境风速和温度最佳组合的实验研究[J]．人类工效学，1998，4（1）：16-21.

[9] 葛覃兮，姚孝元，潘力军．地铁系统可吸入颗粒物污染现状及其对人群健康的影响[J]．职业与健康，2017（10）.

[10] Lance Wallace Indoor Particles, A Review[J]. Air& Waste Manage Assoc, 1996, 46: 98–126.
[11] 王继，刘俊杰．地铁可吸入颗粒物污染研究[C]．国际污染控制学术会议．2006.
[12] JAN F KREIDER, AIR RABL. Heating andCooling of Building: Design for Efficiency[M]. McGraw Hill, 2003.
[13] L. 巴赫基．房间的热微气候[M]．傅忠诚，艾效逸，王天富，译．北京：中国建筑工业出版社，1993.
[14] 魏润柏，徐文华．热环境[M]．上海：同济大学出版社，1994.
[15] 丁秀娟，胡钦华，奎山等．人体热舒适研究进展[J]．东莞理工学院学报，2007（1）：43–47.
[16] FANGERP. O. Thermal Comfort [M]. Copenhagen: Danish Technical Press, 1970: 110–133.
[17] GAGGE A P, STOLWIJK J A J, Nishi Y. Aneffective temperature scale based ona simple model of human physiological regulatory response[J]. ASHRAE Trans, 1971, 77: 247–262.
[18] GAGGE A P, FOBELETS A P, BERGLUNDL. G. Standard predictive index of human response to thethemal environment [J]. ASHRAETrans, 1986, 92(2): 709–731.
[19] 胡鹏超．偏冷环境下局部热刺激对人体热舒适的影响研究[D]．重庆大学，2014.
[20] 徐清振．三维服装CAD中数值仿真方法的研究[D]．中山大学，2006.
[21] Subway Environment Design Hand Book (Volume1) Principles and Applications, 1975.
[22] ASHRAE. Thermal Environment Conditions for Human Occupancy (ASHRAE Standard55–1992) [S]. Atlanta: ASHRAE, 1992.

第2章 细颗粒物污染研究

要想针对性探究地铁内细颗粒物的污染特性，就需要了解囊括这项研究的大方向——细颗粒污染物。细颗粒物的组成成分、构成形态、形成过程、产生来源、造成危害等众多基础性理论在本章做以介绍。为了对细颗粒物进行监测，并逐步改善环境中细颗粒物浓度，国内外均出台了各项相关标准。在了解了细颗粒物的基础特性后，我们将目光对焦于地铁的细颗粒物研究现状，为本书的重点研究内容进行铺垫。

2.1 现有的细颗粒物污染政策及标准

2.1.1 国际标准

早在1952年，伦敦就由于空气污染，造成震惊世界的“烟雾事件”，导致1.2万人丧生。英国政府吸取惨痛教训，在1952年通过《清洁空气法案》，控制空气污染。也就从那时起，环境中的污染物质开始渐渐被人们所重视。各国通过研究也开始纷纷设立环境空气质量相关标准。

美国国家环保局在1996年实施了“EMPACT”计划，该计划确立了系统的研究思路和设计方案，通过环保立法使有关部门关注超细颗粒物，其目的是提高民众的生存质量。美国国家环保局USEPA所制定的环境空气质量标准，开始时只是将大气颗粒物指示物质由TSP修改为PM10。美国环境保护署于1971年首次制定发布了《国家环境空气质量标准》，到20世纪70年代，美国哈佛大学倡导发起了哈佛6个城市研究，结果显示，死亡率与PM2.5浓度呈现线性正比。基于调查报告，1997年美国在原有PM10的控制标准上增加了PM2.5的浓度标准，并且规定PM2.5的3年内年均浓度应低于15μg/m^3，3年中99%的24h平均浓度低于65μg/m^3，成为第一个制定PM2.5浓度标准并开始检测的国家，达到此标准才能降低细颗粒物对人体健康、气候和环境的危害。随着对空气质量要求的严格，2006年，美国修订PM2.5标准，年平均值仍为15μg/m^3，但要求24h平均值降低到35μg/m^3。表2-1为2012年美国环境保护署第四次修订后的环境中PM2.5质量浓度限值表。

美国环境中PM2.5质量浓度限值表　　表2-1

标准类别	平均时间	浓度限值（μg/m^3）
一级和二级	24h	35
一级	1a	12
二级	1a	15

注：1）一级标准（primary standards）：保护公众健康，包括保护哮喘患者、儿童和老人等敏感人群的健康。
2）二级标准（secondary standards）：保护社会物质财富，包括对能见度以及动物、农作物、植被和建筑物等的保护。

英国继1952年的《空气清洁法案》后，2007年，英国修订《空气质量战略》，将PM2.5纳入检测范围，并提出在2020年前将PM2.5平均值控制在25μg/m^{3}以下，即使是高污染区域也不得超过这一限值，对于乡村等质量较好的地区，将实行更严格的标准。

日本于1999年开始进行“PM2.5暴露影响调查研究”，经过近10年的研究，认定PM2.5危害人类健康。据此，日本中央环境审议会大气环境部提出设定PM2.5的指导值及测定方法。于2009年9月9日正式公布了PM2.5环境标准，即年平均值15μg/m^3，24h平均值35μg/m^3。

近年来，印度等部分发展中国家也开始将PM2.5纳入检测范围。1994年印度制定空气质量标准开始对总悬浮取控物和PM10进行检测；2000年新标准修订后废除了总悬浮颗粒物指标，增加了PM2.5，要求工业区、居住区、农村等的PM2.5年平均值和24h平均值都在40μg/m^{3}以下。

随着全球化的发展，环境保护工作已不仅是各个国家内部关注的问题。世界卫生组织（WHO）根据哈佛大学和美国癌症协会等机构的一系列研究结果，于2005年发布的《空气质量指南》，要求PM2.5的年平均浓度为10μg/m^3，24h平均浓度为25μg/m^3。世界卫生组织认为PM2.5小于10μg/m^{3}是安全的，同时设立了3个过渡期目标值。针对目前还无法一步到位的国家，提供阶段性目标控制值。如表2-2为世界PM2.5标准值及目标值设定表。

世界PM2.5标准值及目标值设定表 表2-2

项目		统计方式	限值（μg/m^3）	选择浓度的依据
目标值	IT-1	年均浓度	35	相对于标准值而言，在这个水平的长期暴露会增加约15%的死亡风险
		日均浓度	75	以已发表的多项研究和Meta分析中得出的危险度系数为基础（短期暴露会增加约5%的死亡率）
	IT-2	年均浓度	25	除了其他健康利益外，与IT-1相比，在这个水平的暴露会降低约6%的死亡风险
		日均浓度	50	以已发表的多项研究和Meta分析中得出的危险度系数为基础（短期暴露会增加2.5%的死亡率）
	IT-3	年均浓度	15	除了其他健康利益外，与IT-2相比，在这个水平的暴露会降低约6%的死亡风险
		日均浓度	37.5	以已发表的多项研究和Meta分析中得出的危险度系数为基础（短期暴露会增加1.2%的死亡率）
指导值		年均浓度	10	对于PM2.5的长期暴露，这是一个最低安全水平；在这个水平之上，总死亡率、心肺疾病死亡率和肺癌死亡率会增加（95%以上可行度）
		日均浓度	25	建立在24h和年均暴露安全的基础上

与此同时，欧盟也制定了欧盟内部的细颗粒物空气质量标准。欧盟委员会于2008年通过《环境空气质量指令》，设定了PM2.5标准和达标日期，该指令是基于欧盟委员会2005年所提出的提高欧盟环境空气质量的建议做出的。根据该指令，到2015年，PM2.5年平均浓度控制在25μg/m^{3}以下；到2020年，PM2.5年平均浓度控制在20μg/m^{3}以下。详细标准要求见表2-3欧盟PM2.5质量标准表。

欧盟PM2.5质量标准表 表2-3

限值项目	限值（μg/m^3）	法律性质	每天允许超标天数
PM2.5目标浓度限值	25	2015年1月1日起强制施行	不允许超标
PM2.5暴露浓度限值	20	在2015年生效	不允许超标
PM2.5削减目标值	18	在2020年尽可能完成削减量	不允许超标

除了对室外环境的空气品质有标准要求外，对于人们长期生活的室内空气品质，各国也相继出台了相应的空气质量标准。

美国ASHRAE发布的《可接受的室内空气质量通风标准》中建议的PM2.5质量浓度为15μg/m^3。加拿大《住宅室内空气质量指南》给出了住宅室内空气污染物最大暴露水平的建议值，2012年版更新时增加了PM2.5内容。该指南指出，室内PM2.5是无法消除的，因为室内人员的每一个活动都会产生或多或少的PM2.5。同时，对加拿大地区住宅的长期监测发现，一般在室内没有吸烟者的情况下，室内PM2.5浓度低于室外水平。因此，该指南并未给出具体的PM2.5暴露限值，仅建议住宅室内PM2.5水平应尽可能低，且最好低于室外水平。若室内PM2.5水平高于室外，需要采取有效措施降低室内PM2.5的产生量，如采取室内禁止吸烟、加强通风、炉灶顶部排气扇等措施降低炊事产生的PM2.5。

地铁内的空气品质的研究还处于早期阶段；地铁内细颗粒物浓度限定，在国外也仅有韩国对轨道交通地下车站空气中部分污染物浓度限值作出了明确规定。

2.1.2 国内标准

我国对大气颗粒物浓度控制指标的建立较晚，于1996年颁布的《环境空气质量标准》(GB3095—1996)中规定了PM10的标准，并统一在空气质量日报中取消了TSP质量指数，采用PM10指标。而对PM2.5的排放标准(GB3095—2012)是2012年2月29日的国务院常务会议上，由国家环保部和国家质量监督检验检疫总局联合发布，主要对《环境空气质量标准》(GB3095—1996)中的PM2.5和臭氧8h监测指标浓度限值进行了修订，目前还处于试行阶段。会议要求2012年在京津冀、长三角、珠三角等重点区域以及直辖市和省会城市开展细颗粒物与臭氧等项目监测，2013年在113个环境保护重点城市和国家环境保护模范城市开展监测，2015年覆盖所有地级以上城市，并将于2016年1月1日起在全国实施。对于《环境空气质量标准》(GB3095—2012)中规定的细颗粒物浓度要求见表2-4我国PM2.5质量浓度限值表。新标准强调以保护人体健康为首要目标，调整了污染物项目及限值，收紧了PM10等污染物的浓度限值，收严了监测数据统计的有效性规定，更新了二氧化硫、二氧化氮、臭氧、颗粒物等污染物项目的分析方法等。可以说，中国以新的空气质量标准实施为标志，环境保护工作开始从污染物总量控制管理阶段向环境质量管理和风险控制阶段转变，这对中国环境管理的思路和理念都将带来深刻影响。

我国PM2.5质量浓度限值 表2-4

一级		二级	
年平均	24h平均	年平均	24h平均
15	35	35	75

为了更好地推广环境质量标准，确保防护PM2.5相关工作的开展，参考中国空气质量在线监测分析平台数据，将PM2.5浓度进行分类，PM2.5污染程度分布表如表2-5所示。

PM2.5污染程度分布表 表2-5

空气质量指数	空气质量指数级别	空气质量指数类别	对健康影响情况	建议采取措施
0～50	一级	优	空气质量令人满意，基本无空气污染	各类人群可正常活动
51～100	二级	良	空气质量可接受，但某些污染物可能对极少数异常敏感人群健康有较弱影响	极少数异常敏感人群应减少户外活动
101～150	三级	轻度污染	易感人群症状有轻度加剧，健康人群出现刺激症状	儿童、老年人及心脏病、呼吸系统疾病患者应减少长时间、高强度的户外锻炼
151～200	四级	中度污染	进一步加剧易感人群症状，可能对健康人群心脏、呼吸系统有影响	儿童、老年人及心脏病、呼吸系统疾病患者避免长时间、高强度的户外锻炼，一般人群适量减少户外运动
201～300	五级	重度污染	心脏病和肺病患者症状显著加剧，运动耐受力降低，健康人群普遍出现症状	儿童、老年人和心脏病、肺病患者应停留在室内，停止户外运动，一般人群减少户外运动
>300	六级	严重污染	健康人群运动耐受力降低，有明显强烈症状，提前出现某些疾病	儿童、老年人和病人应当留在室内，避免体力消耗，一般人群应避免户外活动

除了对室外环境的细颗粒物标准的设定外，我国还颁布和实施多部与室内颗粒物浓度限值有关的标准、规范，如GB/T18883—2002《室内空气质量标准》、GB/T17095—1997《室内空气中可吸入颗粒物卫生标准》、WS394—2012《公共场所集中空调通风系统卫生规范》等，但由于我国对PM2.5的研究起步晚，所以上述发布较早的标准中仅规定了PM10的浓度要求。JGJ/T309—2013《建筑通风效果测试与评价标准》于2013年7月26日发布，2014年2月1日起执行，该标准适用于民用建筑通风效果的测试与评价，其中规定室内PM2.5日平均质量浓度宜小于75μg/m^3。

对于地铁内空气品质的研究还处于相对早期，因此国内对于地下车站（站台、站厅、车厢）的监测评价与卫生管理主要是参考《公共场所卫生管理条例》、GB/T18883—2002《室内空气质量标准》、GB9672—1996《公共交通等候室卫生标准》、GB9673—1996《公共交通工具卫生标准》等法规和标准。但由于该体系还未发展成熟，特别是由于地铁系统其自身的特殊性，仍需要各方面加大投入与研究，进一步完善，确保地铁系统乘客和工作人员拥有一个健康、舒适的环境。

2.2 细颗粒物的组成及其危害

2.2.1 细颗粒物的组成

细颗粒物中的化学成分主要包括无机元素、水溶性无机盐、有机物和含碳组分。其中水溶性无机盐和含碳组分是PM2.5的主要组分，其质量浓度之和超过PM2.5质量浓度的50%，硫酸盐、硝酸盐和铵盐是水溶性无机盐的主要组成组分，占水溶性无机盐的70%以上。多环芳烃（PAHs）经过动物实验证明，是一种致癌、致畸、致突变的物质，具有很强的毒性。

细颗粒物中的无机元素构成极其复杂。利用X射线荧光光谱仪对大气颗粒物样品进行了元素分析，目前已发现的化学元素主要有铝（Al）、硅（Si）、钙（Ca）、磷（P）、钾（K）、钒（V）、钛（Ti）、铁（Fe）、锰（Mn）、钡（Ba）、砷（As）、镉（Cd）、钪（Sc）、铜（Cu）、氟（F）、钽（Co）、镍（Ni）、铅（Pb）、锌（Zn）、锆（Zr）、硫（S）、氯（Cl）、溴（Br）、硒（Se）、镓（Ga）、锗（Ge）、铷（Rb）、锶（Sr）、钇（Y）、（Mo）、铑（Rh）、钯（Pd）、银（Ag）、锡（Sn）、锑（Sb）、碲（Te）、碘（I）、铯（Cs）、镧（La）、钨（W）、金（Au）、汞（Hg）、铬（Cr）、铀（U）、铪（Hf）、镱（Yb）、钍（Th）、钠（Ta）、铽（Tb）等。不同地区不同时间的细颗粒物中的元素种类及其含量各不相同。现在常用富集因子研究颗粒物中的富集元素程度，确定富集因子值大于10 的为富集元素。富集因子研究表明：在一些大城市中，硫、氯、硒、砷、溴、铜、锌、铝、铬、铅、镍为富集元素。其中硫、铅、硒、砷、溴和氯富集倍数最大，有的高达数千倍。

大气颗粒物中的主要水溶性离子有SO_4^{2-}、NO_3^-、Cl^-、F^-、NH_4^+、K^+、Na^+、Ca^{2+}、Mg^{2+}等，其中二次离子SO_4^{2-}、NO_3^-、NH_4^+主要都由二次反应产生，SO_4^{2-}和NH_4^+一般被认为来源于石炭燃料高温燃烧过程产生烟气中的二次转化过程，机动车尾气也排放少部分的SO_4^{2-}和NH_4^+，NO_3^-被认为是机动车尾气排放的二次转化产物，还有部分来源于燃料高温燃烧排放。二次离子的质量浓度与相应的气态前体物SO_2、NO_2和NH_3的质量浓度及其在大气中生成粒子的转化率有关，并受温度和湿度等因素的影响。

有机物在细颗粒物中占有很大的比重，北京市两个采样点的细颗粒物化学物种构成中有机物的组分最丰富，含量达到30%，与许多地区相似。有机物中的多环芳烃是大气颗粒物的重要组成部分，直接或间接地影响着大气环境质量、气候变化和人体健康。我国许多城市都较早地开展PAHs污染特征、来源等方面的研究，但基于PM2.5长期采样的研究仍较少。北京市开展的细颗粒物中多环芳烃的污染特征和来源分析结果显示，不同月份PAHs环数分布特征明显。周家斌等开展的不同粒径大气颗粒物中多环芳烃的含量及分布特征研究表明，随着颗粒物粒径减小，多环芳烃的含量逐渐增大，其中在小于等于1.1μm的颗粒物种所占的质量浓度百分比为45%～67.8%，而大约有68.4%～84.7%的PAHs吸附在小于等于2.0μm的颗粒上，表现出对细颗粒物的富集特征。

碳组分由有机碳（OC）和元素碳（EC）两种形式存在。有机碳既包括由污染源直接排放的一次有机碳（POC），也包括有机气体在大气中发生光化学氧化生成的二次有机碳（SOC）。元素碳又叫碳黑，是由化石燃料不完全燃烧产生的。元素碳不仅能促进污染物的转化，它还是全球气温升高的重要因子。我国多个城市均做过颗粒物中碳组分含量的研究，但大部分研究是基于总悬浮颗粒物或者PM10的，有少数是基于PM2.5中碳组分含量的研究。北京市冬季PM2.5中EC、OC研究显示，EC占PM2.5质量的7.7%，OC占PM2.5质量的14.6%，它们约占PM2.5质量的22%。西安大气总碳气溶胶在秋季PM2.5中占（48.8±10.1）%，在冬季也达到了（45.9±7.5）%；厦门大气总碳含量在冬季占细颗粒物质量的41.90%，夏季占25.11%，与珠江三角洲的38%相近。可见碳是PM2.5的重要组成部分。

对于细颗粒物的来源分析，不同季节的组成不同。春季以煤燃烧、二次气溶胶、交通尘、化工业、金属行业以及农业燃烧为主；夏季以土壤、扬尘、交通尘以及建筑尘为主；秋季以煤燃烧和交通尘或金属行业排放为主；冬季则以煤燃烧、交通尘、土壤尘和建筑尘为主。

2.2.2 细颗粒物的形态

从粒径分布上看，典型的大气颗粒物大致上呈现三峰分布的特性（如图2-1所示），其中粗颗粒范围的波峰称为粗粒峰，细颗粒范围的波峰包括累积峰与凝核峰，其波峰特性如表2-6所示。

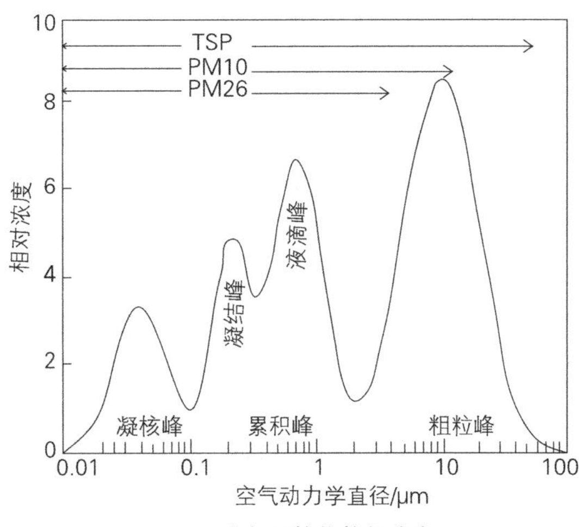

图2-1 大气颗粒物粒径分布图

粗粒峰的粒径大于2～3μm，其中部分粒径处于2～2.5μm间的颗粒物仍属于细颗粒物的范畴。累积峰颗粒粒径介于0.08～2μm，是经多个凝核型颗粒相互凝结、挥发性物种凝聚或气固间转化作用而形成，也可能来自地表扬尘，此粒径范围的颗粒最难处理。另外，累积峰又可分为两个次级峰，分别是粒径位于0.2μm左右的凝结峰和粒径位于0.7μm左右的液滴峰，前者是气相物种凝结的产物，后者是细颗粒经由成核及液滴成长而形成。凝核峰的颗粒粒径小于0.08μm，主要由凝结作用产生，此范围的颗粒会迅速与较大的颗粒产生胶凝或成为云、雾的凝结核，其生命周期通常小于1h，主要来源于燃烧直接排放和燃烧后急速冷却的气体凝结转化而成，或来源于地表扬尘逸散。

细颗粒物波峰特性表 表2-6

项目	凝核峰	累计峰	粗粒峰
粒径范围	d_p≤0.1μm	0.1μm<d_p≤2～3μm	2～3μm≤d_p
主要来源	燃料燃烧直接排放，冷却气体凝结	挥发性气体凝结，气固相间转换，地表细微尘土	机械力磨碎、冲击、风蚀、水花所形成的颗粒
主要成分	H_2SO_4、硫酸（氢）铵、有机碳、元素碳	H_2SO_4、硫酸（氢）铵、有机碳、元素碳	地壳物质
颗粒分类	细颗粒	细颗粒	粗颗粒

通过上述形成机理，各种细颗粒物大致可通过三种途径产生：

第一种是由凝聚累积产生的颗粒，此类颗粒主要由大气中的气体经化学反应而转变成低挥发性蒸汽，再经均匀核化及凝结核生长而形成液滴，或直接形成液滴，最后凝聚而产生颗粒，此类颗粒粒径多半介于0.1～2.5μm之间，沉降速度较慢，所以主要以雨洗方式从大气中去除；第二种是由热蒸汽经冷凝生成原发性颗粒、再经凝聚及键结聚合生成的颗粒，此类颗粒称为转变性核子或艾特坎核子，粒径多半小于0.1μm，在很短的时间内，可与其他颗粒相互凝聚而形成较大颗粒。后两种途径形成的颗粒粒径均在2.5μm以下，也称为细颗粒，其中有60%～80%是由衍生性反应而生成。

除前两种之外，一些颗粒物也可通过其他途径形成，如废弃物中所含的金属以微量矿物质或元素状态存在于化合物结构中，在焚烧过程中金属元素会随燃烧废气排放至大气中，然后与空气中氧分子作用，经凝结生成新颗粒，并附着于其他尘粒上，新生成的尘粒粒径约为0.02μm，然后逐渐形成粒径约0.02～1μm的颗粒，这些颗粒表面具有庞大的表面积，当凝结物附着在颗粒的表面上，即会造成颗粒化学成分的变化。

通过上述三种形成途径，根据形成的细颗粒物的物理性质，可将其形成形态分为固体颗粒、液滴以及由固体微粒和液滴所组成的非均匀系三种。

细颗粒物中属于固体颗粒的有粉尘、炱、飞灰等。粉尘是粒径为1～75μm的颗粒，一般是由工业生产上的破碎所产生。粉尘由于粒径不同，在重力作用下的沉降特性也不同，又有了细分。如粒径小于10μm的颗粒可以长期飘浮在空中，称为飘尘，其中0.25～10μm的又称为云尘。因物理化学过程而产生的微细固体粒子称为烟尘。例如冶炼、燃烧、金属焊接等过程中，由于升华及冷凝而形成烟尘。烟尘的特点是粒度大都比较细，在1μm以下，因此烟尘也都属于亚微粉尘。炱是由燃烧、升华、冷凝等过程形成的固体颗粒，粒径一般小于1μm的颗粒物。煤烟，俗称飞灰，是煤不完全燃烧产生的炭粒或燃烧过程中产生的煤烟，粒径为0.01～1μm。

工业生产中的过饱和蒸汽通过凝结、凝聚、和液体本喷雾化学反应会形成液滴，粒径一般小于10μm。由过饱和蒸汽凝结和凝聚而形成的液雾称为雾尘或霾。由固体微粒和液滴所组成的非均匀系，包括雾尘和炱，粒径为0.01～1μm的颗粒物则叫作烟。

由于细颗粒物过于微小，因此细颗粒物的形态采用扫描电镜分析，可知PM2.5多为圆形，表面较光滑，成团状或链状，在秋季冬季多为絮状细颗粒物，分析为燃烧颗粒物或二次有机颗粒。

2.2.3 细颗粒物的危害

虽然细颗粒物只是地球大气成分中含量很少的组分，但它对人体健康与环境气候等有重要的影响。

大气颗粒物由于其粒径大小不同，被人体吸入后沉积在呼吸系统的部位也不同，因而对机体产生的危害也有明显差异。有研究结果表明，粒径大于10μm的颗粒物，基本上可以被人的鼻腔滞留；粒径位于2～10μm的颗粒物，则可通过呼吸进入咽喉，其中90%可进一步进入呼吸系统并沉积在呼吸道的各个部位，更有10%可以到达肺部深处，并沉积于肺中；而小于2μm的颗粒，则100%会被吸入肺泡中，其中0.3～2μm的粒子几乎全部沉积于肺部而不能排出，进而进入人体血液循环，严重影响血液系统，引起身体机能败坏。如图2-2所示颗粒物在人体内沉积状况图。

另外，滞留在鼻咽部、气管和肺部的颗粒物，也可与进入人体的二氧化硫等有害气体产生刺激和腐蚀黏膜的联合作用，损伤黏膜和纤毛，引起炎症，增加气道阻力，持续不断的刺激作用会导致慢性鼻咽炎、慢性气管炎。沉积在细支气管和肺泡中的颗粒物也会与二氧化氮等产生联合作用，损伤肺泡和黏膜，引起支气管和肺部产生炎症，而长期的持续作用还会诱发慢性阻塞性肺部疾患并出现继发感染，最终导致肺心病。除此之外，大气颗粒物还能直接接触皮肤和眼睛，阻塞皮肤的毛囊和汗腺，引起皮肤炎和眼结膜炎，造成角膜损伤。

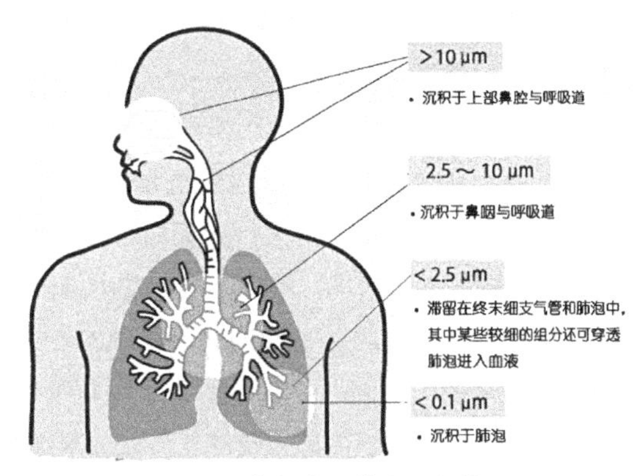

图2-2　颗粒物在人体内沉积状况图

再者，大气中很多对人体健康有害的有机化合物、金属元素和微生物都富集在细颗粒物中，如70%～90%的多环芳烃化合物存在于PM2.5中。PM2.5中直径为1～2μm的颗粒物在空气中滞留时间为1～3个月，直径为0.1～1μm的颗粒物在空气中滞留时间为几个月到十余年不等。与较粗的大气颗粒物相比，细颗粒物粒径小，富含大量的有毒・有害物质且在大气中的停留时间长、输送距离远，因而对人体健康和大气环境质量的影响更大。研究表明，颗粒越小对人体健康的危害越大。细颗粒物能飘到较远的地方，因此影响范围较大。鉴于以上所论述对于细颗粒物对人体健康所造成的危害。目前，越来越多的研究表明PM2.5与呼吸系统疾病、心脑血管疾病、免疫疾病、肿瘤的发生等有着直接关系。

2013年10月17日，世界卫生组织下属国际癌症研究机构发布报告，首次指认大气污染会对人类致癌，并视其为普遍和主要的环境致癌物。在国际癌症研究机构综述了1000余篇研究论文中，细颗粒物为关注的焦点。有研究发现，PM2.5每升高10μg/m^3，总死亡风险上升4%，心肺疾病带来的死亡风险上升6%，产生肺癌的风险增加9%。此外，鉴于PM2.5极易吸附多环芳烃等有机污染物和重金属的特性，使致癌、致畸、致突变的概率明显升高。因此，由细颗粒污染物带来的健康损失是巨大的。

大气中细颗粒污染物除对人体健康产生不良影响以外，还会对能见度、降水等造成重要影响，其中对能见度的影响是人们较关心的问题。研究表明，大气颗粒物对可见光的散射、吸收以及大气中NO等气态污染物是降低能见度的主要原因，而颗粒物的散射作用对能见度的影响尤为突出，在颗粒物浓度较高时可降低能见度60%～90%。不同粒径颗粒物对能见度的影响也不尽相同。对于TSP中较大颗粒物对可见光的散射作用不是很大，而细颗粒的散射作用则明显增强，尤其是其粒径大小与可见光波长相近的颗粒引起的散射作用最大。所以，很多学者认为通常PM2.5是降低能见度的主要颗粒物。另外，颗粒物对光的散射效应不仅仅与颗粒物的大小有关，也与颗粒物的组成成分有关。颗粒物中硫酸盐、元素碳和硝酸盐都是可以散射可见光的物质，其中硫酸盐、元素碳对散射的贡献率较大，对细颗粒是20%～30%，对粗颗粒是10%～20%，而硝酸盐的贡献率相对较低。也有一些文献认为，元素碳的吸光系数为5%～20%，远远大于其他物质的吸光系数，所以颗粒物对光的吸收主要是元素碳引起的，特别对于细颗粒。另外，城市中的汽车排放的尾气和空气中悬浮的颗粒物，在特定的光辐射条件下，可形成光化学烟雾污染，产生大量的二次气溶胶粒子，主要是爱根核态粒子（0.01～0.1μm）和积聚模态粒子（0.1～2μm），尤其是积聚模态粒子，其消光系数最大，是光化学烟雾污染期大气能见度明显降低的主要原因。

细颗粒物在对能见度造成影响的同时，对成云和降雨过程的影响也不容小觑。大气中雨水的凝结核，除了海水中的盐分，细颗粒物也是重要的源。有些条件下，细颗粒物太多了，可能“分食”水分，使天空中的云滴都长不大，蓝天白云就变得比以前更少；有些条件下，PM2.5会增加凝结核的数量，使天空中的雨滴增多，极端时可能发生暴雨。

另外，大气颗粒物除了作为云凝结核对云的宏微观特征及云中的化学过程有重要影响外，还能影响云下雨水的酸化问题。这主要由于颗粒物中的金属氧化物、硫酸盐及氧化物粉尘颗粒对二氧化硫具有催化氧化效果，可作为硫酸气溶胶的凝结核，它们在一定的湿度环境下吸收空气中的SO_2、SO_3及H_2SO_4生成较大的雾滴，形成散布于空气中的气溶胶，从而引起酸雨。我国是世界上第三大酸雨区，酸雨机理研究在改善酸雨污染中极其重要，而细颗粒物又与酸雨的形成具有相关性。以重庆市为例：重庆市是我国酸雨较严重的地区之一，其酸沉降状况具有代表性意义。在对重庆市酸雨的研究中发现，大气颗粒物对降水的酸度有不同程度的影响。TSP中酸性细颗粒物能长距离迁移形成区域性酸雨污染，对酸雨形成具有重要的影响。大气降尘在颗粒物沉积过程中有一个重要的去除机制，能使大气中的酸性气溶胶下降，减少酸雨发生的可能性。

2.3 现有的地铁细颗粒物污染研究现状

2.3.1 地铁细颗粒物污染研究史

目前，室外空气中细颗粒（PM2.5）浓度已经得到了政府和有关部门的高度重视，对其进行了每日监测并且将实时数据公布于众，这样人们在出行前可以选择适当的防护措施减小细颗粒物对身体的危害。相比于室外空气细颗粒物浓度的高度公开化，地铁中的细颗粒浓度目前还无法直接得知。据研究表明，地铁站内污染物暴露水平相比于其他环境要高很多，与地面街道、市中心繁华街道相比，地铁内细颗粒物浓度要高数倍，并且与室外污染物颗粒相比，地铁中的污染物颗粒更具遗传毒性，对身体更容易造成较大的危害。因此，随着越来越多的人选择地铁作为出行工具，地铁内的空气品质也受到了人们的重视。对于地铁内细颗粒污染物的研究也日渐丰富。

本书根据进行颗粒物研究的实测城市对于国内外地铁内细颗粒物的早期主要研究，绘制了图2-3地铁颗粒物早期研究城市分布图。

其中根据主要研究的地铁线路和研究系统统计编辑了表2-7。

随着世界地铁的飞速普及，对于地铁内空气品质的探究变得越来越重要。地铁内细颗粒物的探究归根结底是为了较少或消除其对乘客造成的健康损害。为了减少细颗粒物的浓度，研究人员开始通过分析地铁细颗粒物的元素组成来探寻其来源，如表2-8地铁PM2.5元素组成研究表。为了消除地铁内的细颗粒物，由研究人员进行了地铁内除尘设施的改进。

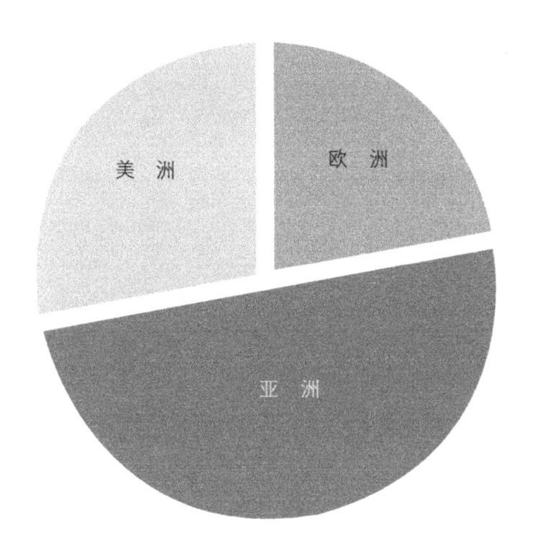

图2-3 地铁颗粒物早期研究城市分布图

由于地铁的复杂构造，不论减少或是消除地铁内的细颗粒物都需对地铁内细颗粒物的浓度分布进行了解，因此，有不少研究人员通过实测地铁内的颗粒物浓度，对其影响因素进行分析。本书对地铁PM2.5浓度的影响因素进行了总结，如表2-9所示，并对主要实测研究的实测区域地点进行了分析汇总，如表2-10地铁测试地点汇总表。

2.3.2 现有的地铁细颗粒物研究结果

对于地铁内细颗粒物的相关研究，主要从颗粒物产生源及其元素含量、物化特性的研究，颗粒物的浓度分布及其相关影响因素，地铁内颗粒物的预测模型的建立，以及地铁内颗粒物的消除控制策略四个方面。

（1）产生源及其物化特性的研究

对于颗粒物的物化特性及产生来源分析，已查到最早的研究可追溯到2005年。下面是对部分相关学者研究内容的概述介绍。

Paivi Aarnio等人对赫尔辛基地铁站周围的PM2.5相关内容进行了研究，结果表明赫尔辛基地铁系统的PM2.5中含量最丰富的元素是铁，浓度范围从地上站台0.7（±0.3）$\mu g/m^3$到地下站台29（±7）$\mu g/m^3$。除Fe元素外，站内PM2.5还含有Mn、Cr、Ni、Cu等元素。另外他们通过统计计算发现，与其他交通方式相比，每天在地铁站等车9分钟+乘坐30分钟的地铁，人们暴露于PM2.5的质量增加约为3%，但是暴露于PM2.5中的Fe元素的质量增加为200%，Cu为40%，Mn为60%。

地铁颗粒物线路研究汇总表

表2-7

城市	上海		首尔			德黑兰	纽约	墨西哥城		巴塞罗那	斯德哥尔摩	赫尔辛基	蒙特利尔
Reference	Li Guo	Huan Ma	Park.D	Kim. K. Y	Kim. J. B	Hosein K. M	Ruzmyn. M. J	Castillo. O. H	Cheng. Y. H	Moreno. T.	Midander. K	Aamio. P	Boudia. N
时间	2012	2014	2008	2008	2014	2014	2014	2014	2008	2014	2012	2005	2006
颗粒物	PM1.0 PM2.5	PM1.0 PM2.5 CO_2	PM2.5 PM10 CO CO_2	PM2.5 PM10	PM2.5 PM10	PM2.5 PM10	PM2.5 Black carbon	bacyeria Temperature humidity	PM2.5 PM10	PM1 PM3 PM10 CO CO_2	PM2.5 PM10 black carbon	PM2.5	PM2.5
线路	L2，L3，L10	L9	L1，L2，L4，L5	L1，L2，L3，L4	L2，L5	L1，L2	LF，LE，L6	L1，L7，L9	L1，L2，L3，L4	L2	—	—	—
系统	L2：ND AC UD L3：ND AC AD L9：AC UD L10：PD AC UD		L1：UD+AD L2：UD+AD L3：AD L4：UD+AD L5：AD			L1：ND AC UD L2：ND NC AD	UD	L1：UD+AD L2：UD L3：UD L4：UD L7：UD L9：UD AC		UD AC+NC	AC UD	UD+AD	UD AC

NOTE：L-line AC-air condition UD-underground AD-above ground ND-non-door system SD-Satety door system PD-platform screen door system

地铁PM2.5元素组成研究表 表2-8

元素	Li Guo（2012）	Hosein K. M.（2014）	Midander K.（2012）	Aarnio P.（2005）	Karlsson H. L.（2008）	Jung HJ.（2010）
Fe	√	√	√	√		
Mg	√	√	√			
Na	√	√				√
Ca	√	√	√	√	√	
Cu	√	√	√	√	√	
Mn	√	√	√	√	√	
Zn	√	√	√	√	√	
Pb	√	√	√	√		
Cr	√	√		√	√	
Al		√	√	√		√
K	√			√	√	
Ba	√	√	√			
Ni	√			√	√	
Ag					√	
Ti		√		√	√	
O	√		√			
S	√			√	√	
C	√		√			√
Si	√		√	√		√
V	√	√		√		
Sr	√		√			
Mo	√		√			
P				√		
Cl				√		

地铁PM2.5浓度的影响因素表 表2-9

	Park D.（2008）	Li Guo（2012）	Cheng Y. H.（2008）	Castillo. O. H（2014）	Moreno. T.（2014）	Midander. K.（2012）	Aarnio P.（2005）	Boudia. N（2006）
季节						√		
天气	√							
时间	√						√	
交通密度	√					√	√	
刹车系统	√		√			√	√	
通风系统	√		√	√	√	√	√	
客流密度	√							
深度	√		√	√				
设计					√			
地上/地下	√		√					
年限		√				√		
地点								
活塞效应					√			
户外交通								√

地铁测试地点汇总表 表2-10

	Li Guo (2012)	Hosein K. M. (2014)	Park D. (2008)	Huan Ma (2014)	Ruzmyn M. J. (2014)	Kim K. Y. (2008)	Cheng Y. H. (2018)	Moreno. T. (2014)	Midander (2012)	Kim J. B. (2014)	Aarnio P. (2005)
户外	√	√	√	√	√	√	√		√		√
站台	√	√	√	√	√	√	√	√	√		√
车厢						√	√			√	√
驾驶室						√					
车站办公室						√					
休息区						√					
售票处						√					
站厅						√					

Karlsson H. L. 等发现地铁气溶胶颗粒的主要组成元素是Fe，另一些元素包括Mg、Cr、Cu，并且微量元素包括Zn、Ni、Cr、Sn、Ag和Sb。通过收集大颗粒的污染物，他们也观测到Ca、K、S和另一些其他元素。

L. G. Murruni等人对布宜诺斯艾利斯地铁系统的B、C两条线路的6个站的站内与站外的总悬浮颗粒物进行了同时收集采样。根据检测结果分析发现，总悬浮颗粒物最丰富的元素是Fe，其中B线路Fe元素的浓度范围是8～46μg/m^3，C线路Fe元素的浓度范围是36～86μg/m^3。而室外环境Fe元素的含量是1.2μg/m^3。颗粒物中除含有大量的Fe元素以外，Cu元素和Zn元素的含量相对来说也比较高。

J. M. Lim等人在2009年的春季和夏季对韩国大田市内的某地铁站台中的空气一共进行了60份取样，并用仪器中子活化分析（INAA）和X射线荧光技术（XRF）对样本分析。结果一共检测出21种元素，其中用INAA分析出Al、As、Ba、Br、Cl、Cr、Cu、Fe、I、In、K、La、Mg、Mn、Na、Sm、Ti、V和Zn，用XRF分析出了Ca和Si。数据分析后得知，Fe元素的浓度比率分别占PM2.5和PM10的29%和27%，但是PM2.5和PM10中的总Fe源自地壳的比率大约分别为3.7%和2.3%。所以得出结论，地铁站里空气中的Fe应该主要来源于系统中钢材的磨损，如车轮、铁轨和制动器。

C. Sioutas在2010年5月到8月对洛杉矶的地铁、地上轻轨和室外大气环境中的颗粒物的分布进行对比分析，其中对来自三个不同地点的颗粒物样本进行化学分析，结果显示粗颗粒中含铁粒子的质量百分比分别为 27%、6%和2%，而细颗粒中含铁粒子的质量百分比分别为 32%、3%和1%。从这两组数据可以看出，地铁中粗颗粒及细颗粒中的含铁粒子的质量百分比都远高于地上轻轨和室外大气环境中细颗粒物的含铁量。此外，同样暴露在大气环境中，轻轨颗粒物中含铁粒子的质量百分比是普通室外大气环境中的3倍，这说明了轨道交通系统本身存在某种产生颗粒物的源。

Winnie Kam等人对洛杉矶地铁站的颗粒物进行了全面的化学分析，包括全部水溶性金属、无机离子、化学元素单质、有机碳、有机化合物。其颗粒物含有16种化学元素，其中Fe元素含量最高，Mo是含量最高的地壳元素。其余的元素还包括：Mg、Al、K、Ca、Ti、Cr、Mn、Co、Ni、Cu、Zn、Cd、Ba、Eu。

Hae-Jin Jung等人为了对颗粒物中铁元素的含量进行研究，对首尔地铁站5个地下采样点的地面尘埃粒子进行了收集。他们用永磁体将全部样本分为带有磁性的颗粒物和不带有磁性的非磁性颗粒物两部分。研究结果表明，大多数的地铁颗粒物都是带有磁性的，因此可以通过安装带有磁体的屏蔽门，通过屏蔽门利用磁力，吸附一定悬浮颗粒物，以此来减少站台的颗粒物浓度。除此之外，对于粒径小于2.5μm的颗粒物除Fe之外，其主要化学元素还有Mg、Al、Si、Ca、S和C。

Chang-Jin Ma等人研究了日本的福冈地铁站台内的颗粒物的物化性质，他们用粒子诱导X射线发射和微像素技术分别研究了颗粒物的半散体和单体粒子的化学性质。分析发现，颗粒物半散体所含元素浓度从高依次为Fe、Si、Ca、S和Na，其中Fe、Si和Ca在地下三层的含量分别是地下二层的含量的4.4倍、46.4倍和17.3倍。而对颗粒物的个体分析结果显示，其中也富含Fe、Si和Ca。此外，他们还用元素图和粒子形态学对单个粒子进行分类和来源分析，将地铁里的颗粒物来源分为两大部分：地铁环境（刹车垫、轨道等）和室外来源（燃烧、土壤、二次排放等）。

在斯德哥尔摩，Klara Midander等用P-Trak监控仪（型号8525，TSI GmbH，Shoreview，MN，美国，可通过粒子大小为250nm到32μm）PDM仪器发现粒子浓度均值的大小范围在20nm到1μm之间。除此之外他们还发现PM10，并通过图像分析其形态特征，这些图像清晰的反映出了粒子的大小、形状、表面特征的差异。

C. Colombi等人对米兰地铁的可吸入颗粒物进行了调查研究。最后的分析结果表明，米兰地铁站内的PM10的主要化学成分是Fe、Ba、Sb、Mn和Cu。且随着夜晚地铁站内PM10浓度的显著下降，Fe元素的含量也明显下降。

杨永兴等人利用SEM-EDS和同步辐射X射线荧光对上海某地铁站台站内外的单颗粒物的元素组成和形貌特征进行了检测分析。SEM&EDS分析结果表明，站内颗粒物表面较为扁平，带有尖角和刮痕，样子与金属碎屑类似；SR-XRF分析结果表明，站内颗粒物含有较高的金属元素，其中Fe元素含量最高。而与站内颗粒物相比，SEM&EDS分析结果显示室外颗粒物表面粗糙，形状不规则，颗粒物存在大量球形团簇，并且室外颗粒物的主要元素为C和O以及其他地壳元素。

Hosein Kamani等人对德黑兰地铁站的PM2.5和PM10进行了化学元素分析。结果表明Al、Ca、Fe、V和Ti更多的存在于PM10中，而PM2.5中更多的含有Ba、Cr、Cu、Pb和Zn元素。然而不管是PM2.5还是PM10，Fe元素的含量都是最高的，并且所有元素的含量均是站内高于站外。

包良满等人对上海市地铁站内外的颗粒物进行了实测研究，通过SEM图像发现地铁站内大气颗粒物形状具有多棱角性质、尺寸往往较大，通常是由很多粒径小于1μm的粒子积聚在一起，从而形成较大的颗粒物。典型的颗粒物形状为扁平表面，带有尖角和长的刮痕，与室外颗粒物形态存在显著差异。

Li Guo等人对上海三条不同的地铁线路进行了采样分析，这三条地铁线路代表了三种不同的地铁微环境。最终的研究结果表明，对于悬浮粒子，地铁站内的Cr、Mn、Fe、Cu、Sr、Ba和Pb浓度明显高于室外。而对于沉积灰尘，C和O是最主要的元素，其次还有Si、N、Fe、Na、Ca、Al、Cu、Cr、Mn、Zn。

Senlin Lu等人对上海地铁7号线的三个站点的颗粒物进行了收集，发现地铁站内颗粒物多为含铁颗粒物和矿物颗粒物，而室外空气中的颗粒物多为矿物颗粒和烟尘集合体。其中Fe是最主要的元素，并且在细颗粒物PM2.5中Fe元素多以正2价形式存在，Cu元素多以正1价形式存在。

Ting Qiao等人也对上海地铁隧道内的颗粒物进行了收集检测，发现地铁站内空气悬浮颗粒物可能源于地铁隧道内，其中Fe为最丰富的金属元素，紧随其后的有Ca、Al、Mg、Mn、Zn、Cu、Cr、Ni、Pb和Hg。

从文献表述中可以看出，Fe元素为最主要的金属元素，其次为Zn、Cu。有些地铁站内还含有Pb、Ag等重金属元素。因此地铁站内的颗粒物的毒性更大，会对地铁乘客以及乘务人员身体健康产生更大的危害。所以，地铁站颗粒物污染状况亟需引起人们的广泛关注。

关于地铁颗粒物的来源，除去受周边环境影响外，部分学者认为均有描述。一部分学者认为地铁颗粒物主要是由地铁刹车制动系统产生的，当列车启动和停运时车轮和轨道的摩擦将产生大量颗粒物。

Paivi Aarnio等人认为由于赫尔辛基地铁车辆采用电刹车技术，因此颗粒物更可能源于列车与轨道间的摩擦。

Y. H. Cheng对当地不同车站的颗粒物浓度以及颗粒物的化学成分进行了分析，他们发现地铁车站内颗粒物发生源主要是车站设备和列车制动系统。

C. Colombi等人对米兰地铁进行的分析也有着类似的结论，认为轮轨摩擦和地铁操作方式是产生颗粒物的原因。

Li Guo对上海地铁的颗粒物进行研究时，进行了颗粒物的化学成分分析，对分析结果的研究发现，上海地铁内颗粒物与地上环境相比Fe元素含量更高，由于Fe元素的特殊性，他们推断颗粒物源于地铁操作和轮轨摩擦。

Hosein K. M. 等人也做了类似的研究，他们发现地下车站PM2.5中铁的比例为36%，而地上车站中铁的比例为29.8%。他们据此得出结论，铁主要由制动系统产生。

包良满等人对上海地铁颗粒物的化学元素分析表明，颗粒物中的Ba元素可能是硫酸钡，而硫酸钡是铁路刹车系统中的重要成分，因此Ba颗粒可能源于刹车时刹车闸皮与车轮摩擦。

从上述介绍中可看出，对于地铁细颗粒物的物化特性的研究已大致告一段，目前对于其产生来源仍需我们进行更加深入模拟实测探究。

（2）颗粒物的浓度分布及其相关影响因素

对于颗粒物的浓度分布及其影响因素这一研究方向，近年较多学者进行探索。下面是对部分相关学者研究内容的概述介绍。

Paivi Aarnio等人于2004年3月对赫尔辛基地铁站内的颗粒物进行了测试。测试结果表明，两个地铁站台的PM2.5的每日平均浓度分别为47（±7）$\mu g/m^3$和60（±18）$\mu g/m^3$；站厅和车厢内的平均浓度分别为19（±6）$\mu g/m^3$和21（±4）$\mu g/m^3$。并且在测试期间该城市的PM2.5平均浓度为10（±7）$\mu g/m^3$。数据结果显示，地铁站内的PM2.5浓度是室外的3～4倍。然而，该测试数据的结果依然低于先前其他地区的测试结果，如苏格兰和伦敦。此外，通过实测发现周末地铁站内的颗粒物浓度低于周内，这说明交通模式对地铁站颗粒物浓度有一定的影响。另外，地铁车厢内的PM2.5浓度和数量几乎没有相关性，因此可以说明源于室外街道的颗粒物只影响车厢内PM2.5的数量而并不影响其浓度。

Martin Branis对布拉格地铁站的颗粒物浓度分布规律进行了调查研究，研究结果表明，布拉格地铁站PM10的最高浓度是113.7$\mu g/m^3$，室外PM10的最高浓度是74.3$\mu g/m^3$。尽管站外和地铁站内的数据统计有显著差异，但是通过相关性分析发现，室外和地铁站内PM10浓度呈明显的相关性，相关系数为0.964。除此之外，室外和地铁站内的PM10浓度都受到街道交通环境的影响。

Imre Salma等人对匈牙利首都布达佩斯的地铁站的颗粒物进行了实测调研，数据分析结果显示PM10的日高峰值出现在早上7点和下午5点，这说明地铁PM10的浓度与人流量有关。除此之外，他们还发现车站的结构、设备、系统模式的不同也会对颗粒物浓度产生影响。

Yu-Hsiang Cheng等人对中国台北捷运（地铁）颗粒物浓度分布规律进行了研究，测试结果说明车内和站台的PM10平均浓度分别为10～97$\mu g/m^3$和11～137$\mu g/m^3$；PM2.5的平均浓度分别为8～68$\mu g/m^3$和7～100$\mu g/m^3$。实测数据表明，台北地铁颗粒物浓度比世界其他地区地铁颗粒物浓度低，且台北地铁颗粒物在高峰期与非高峰期并没有明显的变化。另外，通过数据分析发现地铁颗粒物浓度与室外颗粒物浓度呈现显著的正相关关系，因此说明室外空气环境对地铁颗粒物浓度有着直接的影响。

Dong-Uk Park对韩国首尔1、2、4、5号线的PM2.5，PM10的污染分布状况进行了调查。调查结果显示，车内的PM2.5和PM10浓度均高于站台浓度，并且无论何种线路和站点，站内的颗粒物浓度均高于站外。通过计算PM2.5和PM10的比率，可以看出首尔地铁车站的细颗粒物污染较为严重，并且通过数据分析发现监测位置对PM2.5和PM10的浓度有显著的影响。Dong-Uk Park通过对韩国地铁系统的颗粒物的调查，同时还发现，运营时间最长的1号线空气品质以及颗粒物浓度超标最为严重；在高峰时期，随着人流量和站外车流量的增加，地铁站内PM2.5的浓度也随之增加；未安装机械通风系统的地铁站，其PM2.5浓度明显高于其他站。因此，运营时间、人流量、通风模式均会对地铁颗粒物浓度产生影响。

K. Y. Kim，et al. 为了给首尔城市地铁线路1-4提供基础数据，检测了PM2.5和PM10的浓度。测试区域集中在工作人员工作区域和乘客所处区域，包括车站办公室、休息区域、售票处、司机室、车站周边地区、地铁车厢、站台。调查结果表明，车站周边地区、地铁车厢、站台的浓度分别为7.7μg/m^3、125.5μg/m^3和129.0μg/m^3。乘客车厢和站台的PM2.5浓度高于室外（102.1μg/m^3），但是车站周边地区值更低。此外，除了司机室外，客运区的PM2.5暴露水平高于所有工人的地区。PM2.5平均浓度在站台地下比地面高很多。

Kim K. H. 在韩国的地铁站也做了类似的测量，并得出相似的结论。

L. G. Murruni等人对布宜诺斯艾利斯地铁站总悬浮颗粒物的调查结果表明，地铁站台总悬浮颗粒物的浓度范围为152～270μg/m^3，室外空气环境的总悬浮颗粒物范围为55～137μg/m^3。数据分析结果表明，地铁总悬浮颗粒物的浓度约为室外环境的三倍，地铁总悬浮颗粒物与室外颗粒物浓度呈现弱相关性，因此可以认为地铁总悬浮颗粒物主要来源于地铁站内。

Winnie Kam等人于2010年的5月到8月对洛杉矶的两条不同类型的地铁线路（一条为地上轻轨，另一条为传统地铁线路）的颗粒物进行了测试研究。地铁线路站台和车厢的PM10平均浓度分别为78.0μg/m^3和31.5μg/m^3；而对于轻轨系统来说，其站台和车厢的平均浓度分别为38.2μg/m^3和16.2μg/m^3。通过线性回归分析发现，轻轨线路受室外颗粒物浓度的极大影响，而地铁线路则受室外颗粒物影响较小，更多地受到地铁站内设施操作的影响。

Midander等人对瑞典斯德哥尔摩的奥丁地铁站的实测研究表明，地铁站内的温度和湿度也会对颗粒物浓度产生影响。

李路野等人用气溶胶光谱仪测定西安地铁2号线的9个站点内的颗粒物浓度，经过对测得数据的分析得知站台、车厢和站厅内的PM10平均浓度范围分别为55～177μg/m^3、47～123μg/m^3和60～274μg/m^3。PM2.5的平均浓度分别为30～93μg/m^3、35～87μg/m^3和35～97μg/m^3，其中PM10浓度低于《地铁设计规范》限值，个别站点PM2.5不同程度超过《环境空气质量标准》二级标准。将车站、车厢与站厅三个区域测得的数据进行对比得知，站台内的可吸入颗粒物平均浓度基本高于车厢内，而同一地铁站车厢内的PM2.5/PM10、PM1.0/PM10比值均高于站台内的比值。

樊越胜等人对西安地铁室外、车厢、站厅、车厢的PM2.5和PM10以及CO_2的浓度进行了监测分析。实测结果表明，由于西安地铁2号线建成时间较短（2011年开始运营），其PM10并未出现超标的情况，但是PM2.5浓度却超过标准，其最高值为131.56μg/m^3，超标率为75.4%，细颗粒物的污染较为严重。站台和车厢的PM10、PM2.5来源具有强相关性，车厢的CO_2浓度与乘客数量成正比，浓度最高值甚至超过2357μg/m^3，车厢缺少充足的通风换气环境来满足人们的呼吸需求。

程刚、臧建彬对北京、上海、广州三地的地铁线路进行了PM2.5浓度分布规律调查研究。实测结果表明，PM2.5（站外）＞PM2.5（大厅）＞PM2.5（站台）＞PM2.5（车内），并且通过excel数据模块分析得出站外、大厅、站台与车内的PM2.5相关性极强的结论。除此之外，他们还探讨了天气对PM2.5分布的影响，发现PM2.5（降雨）＜PM2.5（无降雨），PM2.5（台风）＜PM2.5（无台风）。

樊莉、潘嵩等人采用TSI公司的DUSTTRAK2粉尘测定仪，对北京某地铁站的温度、湿度、PM2.5浓度进行了测试。研究显示的结果为，车站内PM2.5的分布受到地铁活塞风的影响较大，具体表现为无活塞风时PM2.5浓度明显高于有活塞风时的浓度，这可能由于活塞风产生时引入室外低浓度的空气，对入口处的空气进行了稀释，从而降低了PM2.5的浓度。

Hosein Kamani等人于2011年4月到8月对德黑兰两个不同地铁站的颗粒物浓度分布规律进行了实测研究，实测结果显示地铁站内PM2.5和PM10的浓度是室外环境的1.15倍和1.8倍。地铁站内PM2.5和PM10的最高浓度分别为86.6$\mu g/m^3$和131$\mu g/m^3$，而室外PM2.5和PM10的最高浓度分别为59$\mu g/m^3$和109.4$\mu g/m^3$。

O. Hernandez-Castillo等人通过对墨西哥两个地铁站的空气品质进行调查发现，随着地铁深度增加，细菌浓度也会随之增加，这说明地铁深度也在影响着颗粒物浓度的大小。

M. J. Ruzmyn Vilcassim等人在2013～2014年间选择了纽约曼哈顿的地铁站进行站内空气中黑炭及PM2.5的浓度监测，测试结果显示地铁内黑炭的实时浓度范围为5～23$\mu g/m^3$，而PM2.5的实时浓度范围为35～200$\mu g/m^3$。相对于地铁站内，也对地上街道的空气品质进行了监测，其黑炭和PM2.5的平均浓度分别低于3$\mu g/m^3$和10$\mu g/m^3$。从数据上可以看出，地铁站内的 PM2.5浓度至少是地上街道内的3倍，严重时可到20倍。

Moreno T等人对巴塞罗那地铁站空气品质进行了实测研究，他们研究了两种不同通风模式：开启机械通风和关闭隧道机械通风。两种通风模式下的地铁颗粒物浓度的研究结果表明，通风条件和站台设计对地铁颗粒物浓度有着很大的影响。对于单线隧道来说，需要强力的机械通风而不是活塞风来减少颗粒物浓度。而双轨隧道关闭机械通风并不影响颗粒物浓度，活塞风就能起到很好的稀释作用。因此对于双轨车道可以通过关闭机械通风来进行节能。

Li Guo等人研究了上海地铁空气品质，主要集中在对三条地铁线路2号线、3号线、10号线。测试不同站台的颗粒物等级、化学组成、形态及矿物成分等进行研究。2个测试点设置在2号线南京西路站，一个测试点设置在10号线江湾公园站，一个测试点设置在3号线香港体育场站。根据它们的服务年限、通风系统和类型的不同，它们代表不同的地铁微环境。2号线代表了一条最古老的地下重轨线路，3号线了代表典型的古老又繁忙的地上轻轨路线，10号线代表了最先进的地铁线路（安装了先进的通风系统和站台自动屏蔽门系统）。测试结果说明2号线的PM2.5平均浓度高于3号线和10号线（L2＞L3＞L10），其中3号线的浓度比10号线高28%。可以清楚地看出，最旧最繁忙的地铁2号线有着最高的浓度，然而安装了屏蔽门的最新地铁10号线浓度最低。

Soon-Bark Kwon等人在2014和2015年内的夏天、秋天和冬天对首尔市内六个主要的换乘站内的PMx（PM10、PM2.5和PM1.0）浓度进行为时3周的监测，并用统计学方法进行数据处理分析得出 PMx的浓度和多个环境因素之间的关系。通过数据得出站内的PM10浓度大约是室外环境中的2～3倍，而且站台和站厅的模式相似。这意味着室外的PM10是影响室内PM10浓度的最主要的因素，地铁站的埋深和站内的车次数也对PMx有影响。此外，用主成分分析法（PCA）和自组织映射（SOM）法分析得出，车辆的次数只影响与它临近的站台内的PM浓度，并找出了PMx的聚集点。该研究确定了影响地铁站内PMx特征的内部和外部的因素，为本书研究的研究方法和测试方案提供了重要参考。

Ting Qiao等人对两条上海地铁线路进行了调查研究，调查结果表明A线路的颗粒物间呈强相关性，而B线路颗粒物间相关性较弱，可能是因为B线路安装了屏蔽门，间接表明屏蔽门对地铁颗粒物的扩散起到了很好的阻隔作用。另外根据监测结果显示，周五颗粒物的浓度更高。同时还发现地铁活塞风的产生也会对站台颗粒物浓度产生影响。

陈飞等人对武汉地铁2号线的车厢和站台的空气质量状况进行了调查研究。研究结果表明武汉地铁站台颗粒物污染较为严重，站台、车厢以及出入口的可吸入颗粒物PM10的浓度平均值分别高达0.247μg/m^3、0.221μg/m^3、0.400μg/m^3。其中站台的PM1.0、PM2.5、PM4.0、PM10与TSP平均浓度分别达到0.184μg/m^3、0.228μg/m^3、0.244μg/m^3、0.247μg/m^3和0.252μg/m^3。另外，PM2.5占总颗粒物的80%以上，因此要着重控制细颗粒物的污染情况。

何生全、金龙哲等人对北京不同环控系统的地铁颗粒物浓度分布规律进行了调查研究，研究结果显示，与地铁环控系统无关，在列车驶入的前后PM2.5与PM10的质量浓度变化基本一致，且PM10的质量浓度总体大于PM2.5的质量浓度。不同环控系统半高、全高、屏蔽门及敞开式系统车辆驶入前后可吸入颗粒物浓度变化率分别为12.5%、9.18%、4.88%、1.72%，呈递减趋势，表明半高、全高、屏蔽门系统防治粉尘的能力依次增强。因此，可通过改变通风设施，修建地上车站及安装屏蔽门防护装置来提高地铁站台环境质量。

赵敬德等人对上海和南京不同环控系统地铁站的颗粒物进行了实测研究，实测结果表明不管任何系统均是冬季颗粒物浓度明显高于夏季，另外经过数据分析表明季节对轻轨系统的影响更为显著。对于PM10，半高安全门的超标率最为严重，超标率为8.4%。除此之外，在任何系统中PM2.5占PM10的份额都很大，因此地铁站细颗粒物的污染状况更应引起人们注意。

Huan Ma等人调查了上海地铁9号线的PM2.5、PM10、CO_2的浓度和分布。他们研究了PM2.5浓度随时间变化的规律并总结到：站台PM2.5浓度显示出双峰模式，高峰值出现在早高峰7～10点和晚高峰16～19点，当人们上下班时。同时还发现根据浓度的变化，活塞效应可能会影响PM2.5，PM10和CO_2的浓度。另外，颗粒物浓度与楼层深度呈正相关，楼层深度增加浓度增加。

（3）颗粒物的预测模型的建立

目前，对地铁车站PM2.5瞬时值的预测研究很少。刘宏斌等采用逻辑回归预测地铁PM2.5的浓度值，结合七个室内空气污染物变量，采用高斯过程回归预测地铁系统的空气质量。Jorge Loy Benitez等人结合循环神经网络（RNN），利用室内PM2.5的不同结构，对站内空气质量综合指数（CIAI）进行多序列预测。Park等人利用室外PM信息、地铁列车运行数量以及人工神经网络（ANN）模型的通风运行信息预测室内PM浓度。他们都用收集的数据来推动模型的建立。本书在第七章除了应用数据推动的ARIMA进行建模预测地铁颗粒物浓度外，还使用了理论推导模型，建立了根据颗粒物浓度平衡方程进行的地铁颗粒物瞬时浓度预测。

（4）颗粒物的消除控制策略

地铁内细颗粒物的控制策略主要依赖于地铁特点。大部分的研究人员提供的控制策略仍然是通过通风进行预防和控制。

K.Y. Kim等人认为大多数颗粒物源于地铁内部设施，包括列车车轨与地铁轨道之间的摩擦。所以他们提出更有效的通风系统可以用来减少PM2.5的水平，减少地铁工人暴露在地铁PM2.5下的概率。

根据户内外的关系，Y. H. Cheng等人提出排气通风系统可用来控制地铁PM2.5的浓度值。

Kim J. B.等人在车厢顶部安装了一个新的地铁车厢的空气净化器（SCAP）用来减少地铁PM2.5的含量。SCAP由两个扇叶和静电旋转过滤器组成，用来收集室内颗粒物。它的工作原理是通过使用一个过滤器的自动旋转系统，当压差达到一个特定的水平时，可以自动地吸附在新的过滤器表面上。在风扇和过滤器的中间有一个筒式气体吸收剂，以减少二氧化碳和其他各种气体污染物。

Kim J. B.等人在首尔地铁2号线和5号线进行了实地测试。他们在上午高峰时间对2号线进行了完整的循环测试，对5号线进行了单线测试。地铁车厢的体积约150m^3，两SCAP装置在车厢中心落户。在这个系统中，每个风扇的空气流量为4.2，共有4个风扇。通过实验发现2号线PM10和PM2.5去除率为15.5%和9.21%，5号线分别为26%和20.9%。

目前通风控制的成本较高，且效果仍有待提高。也有研究人员正在寻求其他途径来降低地铁站内PM2.5浓度，部分城市地铁采用定期对隧道进行冲洗的方式以期降低可吸入颗粒物浓度。Johansson等人研究发现，对地铁隧道墙壁和轨道进行清洗后，PM10和PM2.5颗粒物浓度分别只下降了约13%和10%，这表明清洗隧道墙壁和轨道对降低可吸入颗粒物作用并不是很大。

综上所述，对于地铁内细颗粒物的防控，现有的主要措施集中在通风来降低地铁内浓度，但从降尘角度考虑，该研究方向还有较大空间需要我们去持续探究，毕竟对于地铁内颗粒物的研究，最终目的便是降低其浓度，给市民的出行健康提供保障。

2.3.3 国内地铁细颗粒物研究现状

随着近年来我国地铁行业的快速发展和地铁线路的增多，乘坐地铁的人数也越来越多。而且国内地铁的修建主要集中在大型城市，城市的人口密度较大，造成地铁内的客流量较大，使重视地铁内空气质量的重要性更为突出，国内研究人员对于地铁内颗粒物的研究也在近十年得到重视。

由于我国幅员辽阔，地铁的建设在不同地域都有差别，再加上各个城市的人口密度普遍高于国外，因此探究各个城市的地铁线路的特点也有较大差异。

鉴于北京，上海地铁的人流密度较大，地铁构造形式多样，线路走向较为复杂，不少研究人员选取北京地铁、上海地铁作为实测地铁站。随着地铁的全国范围的普及，对于我国地铁实测工作的研究，除了研究内容的深入，所覆盖的地铁城市也将更加广泛。

为了更好地了解我国地铁内空气质量的情况，国内大多数研究人员的目光集中在对不同线路的实测工作上。通过在不同时间段内，实测不同城市、不同线路，不同车站和车站内的不同区域，分析可能影响地铁内细颗粒物分布浓度的相关因素，并通过分析得出的影响因素，寻找改善地铁内空气品质的措施策略。也有部分学者探究地铁内细颗粒物的组成成分，即对地铁内细颗粒物进行源的探究，从根源挖掘减少颗粒物浓度的策略。

今后，我国对于地铁内细颗粒物的研究将随着地铁行业的持续发展更为受到重视。研究除了更加深入广泛进行已有的实测研究外，还进一步探索地铁内细颗粒物的产生来源，并提出更多的减少或消除地铁内细颗粒物的技术手段。

2.4 本章小结

本章的论述重点是细颗粒污染物的已有理论基础。从细颗粒物的自身组成、形态及其危害的介绍，到对已有标准及政策的介绍，最后对现有的地铁细颗粒物污染的研究总结归纳，进而明确关于地铁细颗粒物这一课题的国内外研究现状，以及今后的可能研究方向。

参考文献

[1] Aarnio P, Yli–Tuomi T, Kousa A, et al. The concentrations and composition of and exposure to fine particles (PM2.5) in the Helsinki subway system[J]. Atmospheric Environment, 2005, 39(28): 5059–5066.

[2] Karlsson, HL, Holgersson, A, et al. Mechanisms related to the genotoxicity of particles in the subway and from other sources. Chemical Research in Toxicology, 2008, 3(21): 726–731.

[3] Murruni L G, Solanes V, Debray M, et al. Concentrations and elemental composition ofparticulate matter in the Buenos Aires underground system[J]. Atmospheric Environment, 2009, 43(30): 4577–4583.

[4] J. M. Lim, J.H Jeong, B. W. Jung. Characteristics of the elemental compositions of particulate matter at a subway platform using INAA and XRF[J]. A Supplement to Radiochimica Acta, 2011, 1(1): 313–318.

[5] Constantinos Sioutas. Physical and chemical characterization of personal exposure to airborne particulate matter (PM) in the Los Angeles subways and light~railtrains[D]. University of Southern California. 2011.

[6] Kam W, Ning Z, Shafer M M, et al. Chemical Characterization and Redox Potential of Coarse and Fine Particulate Matter (PM) in Underground and Ground–Level Rail Systems of the Los Angeles Metro[J]. Environmental Science & Technology, 2011, 45(16): 6769–6776.

[7] Jung H J, Kim B W, Malek M A, et al. Chemical speciation of size–segregated floor dusts and airborne magnetic particles collected at underground subway stations in Seoul, Korea[J]. Journal of Hazardous Materials, 2012, 213–214(2): 331–340.

[8] Chang Jin, Ma, Sigeo, Matuyama, Koichiro Sera, Shin~Do, Kim. Physicochemical properties of indoor particulate matter collected on subway platforms in Japan[J]. Asian Journal of Atmospheric Environment, 2012, 6 (2): 73–82.

[9] Klara Midander, Karine Elihn, Anna Wallén, Lyuba Belova, Anna–Karin Borg Karlsson, Inger Odnevall Wallinder. Characterisation of nano–and micron–sized airborne and collected subway particles, a multi–analytical approach. Science of the Total Environment 427–428 (2012) 390–400.

[10] Colombi C, Angius S, Gianelle V, et al. Particulate matter concentrations, physical characteristics and elemental composition inthe Milan underground transport system[J]. Atmospheric Environment, 2013, 70(11): 166–178.

[11] 杨永兴，包良满，雷前涛．地铁颗粒物PM2.5的SEM和微束XRF分析[J]．电子显微学报，2013，32（1）：47–53.

[12] Kamani H, Hoseini M, Seyedsalehi M, et al. Concentration and characterization of airborne particles in Tehran's subway system. [J]. Environmental Science & Pollution Research, 2014, 21(12): 7319–7328.

[13] 包良满，雷前涛，谈明光，等．上海地铁站台大气颗粒物中过渡金属研究[J]．环境科学，2014，35（6）：2052–2059.

[14] Li G, Yunjie H, Qingqing H, et al. Characteristics and chemical compositions of particulate matter collected at the selected metro stations of Shanghai, China. [J]. Science of the Total Environment, 2014, 496C: 443–452.

[15] Lu S, Liu D, Zhang W, et al. Physico–chemical characterization of PM2.5, in the microenvironment of Shanghai subway[J]. Atmospheric Research, 2014, 153: 543–552.

[16] Qiao T, Xiu G, Zheng Y, et al. Preliminary investigation of PM 1, PM2.5, PM 10, and its metal elemental composition in tunnels at a subway station in Shanghai, China[J]. Transportation Research Part D Transport & Environment, 2015, 41: 136–146.

[17] Cheng, Y. H., Yi, LL, Chia, ChL. Levels of PM10 and PM2.5 in Taipei Rapid Transit System[J]. Atmospheric Environment, 2008, (42): 7242–7249.

[18] Braniš M. The contribution of ambient sources to particulate pollution in spaces and trains of the Prague underground transport system[J]. Atmospheric Environment, 2006, 40(2): 348–356.

[19] Salma I, Weidinger T, Maenhaut W. Time–resolved mass concentration, composition and sources of aerosol particles in a metropolitan underground railway station[J]. Atmospheric Environment, 2007, 41(37): 8391–8405.

[20] Park D U, Ha K C. Characteristics of PM10, PM2.5, CO_2 and CO monitored in interiors and platforms of subway train in Seoul, Korea.[J]. Environment International, 2008, 34(5): 629–634.

[21] K. Y. Kim, Y. SH. Kim, Y.M. Roh, Ch. M. Lee, Ch. N. Kim, Spatial distribution of particulate matter (PM10 and PM2.5) in Seoul Metropolitan Subway stations. Journal of Hazardous Materials 154 (2008) 440–443.

[22] Kim, KH, Ho, DX, Jeon, JS, Kim, JC. A noticeable shift in particulate matter levels after platform screen door installation in a Korean subway station. Atmospheric Environment, 2011, (49): 219–233.

[23] 李路野，樊越胜，谢伟，等．西安市地铁环境中大气颗粒物污染现状调查[J]．环境与健康杂志，2013，30（2）：160–161.

[24] GB 50157–2013，地铁设计规范[S].

[25] GB 3095–2012，环境空气质量标准[S].

[26] 樊越胜，胡泽源，刘亮，等．西安地铁环境中PM10、PM2.5、CO_2污染水平分析[J]. 环境工程，2014，32（5）：120–124.

[27] 程刚，臧建彬．地铁系统PM2.5浓度测试与分析[J]．制冷技术，2014（5）：13–16.

[28] 樊莉，潘嵩，李炎峰，等．北方地区某地铁站PM2.5浓度变化规律研究[J]．安装，2014（2）：25–26.

[29] Hernández–Castillo O, Mugica–Álvarez V, Castañeda–Briones M T, et al. Aerobiological study in the Mexico City subway system[J]. Aerobiologia, 2014, 30(4): 357–367.

[30] M. J. Ruzmyn Vilcassim, George D. Thurston, Richard E. Peltier, and Terry Gordon. Black carbon and particulate matter (PM2.5) concentrations in New York City's subway stations[J]. Environmental Science and Technology, 2014, 35.

[31] Moreno T, Pérez N, Reche C, et al. Subway platformair quality: Assessing the influences of tunnel ventilation, train piston effect and station design[J]. Atmospheric Environment, 2014, 92: 461–468.

[32] Soon~Bark Kwon, Wootae Jeong, Duckshin Park, et al. A multivariate study for characterizing particulate matter (PM10, PM2.5, and PM1) in Seoul metropolitan subway stations, Korea[J]. Journal of Hazardous Materials, 2015 297：295~303.

[33] 陈飞，叶晓江，周军莉，等．武汉地铁2号线空气质量调查分析[J]．建筑热能通风空调，2016，35（3）：89–91.

[34] 何生全，金龙哲，吴祥．不同地铁环控系统可吸入颗粒物研究及防治[J]．中国安全科学学报，2016，26（3）：128–132.

[35] 赵敬德，王金龙，严国庆，等．城市轨道交通环控系统颗粒物浓度的实测研究[J]．安全与环境学报，2016（4）：342–347.

[36] Huan Ma, Henggen Shen, Zhen Liang, Liuchuang Zhang and Chan Xia. Passengers' Exposure to PM2.5, PM10, and CO_2 in Typical Underground Subway Platforms in Shanghai. Proceedings of the 8th International Symposium on Heating, Ventilation and Air Conditioning, Lecture Notes in Electrical Engineering 261.237–245.

[37] Liu H, Yang C, Huang M, et al. Modeling of subway indoor air quality using Gaussian process regression[J]. Journal of hazardous materials, 2018, 359: 266 - 273.

[38] Loy–Benitez J, Vilela P, Li Q, et al. Sequential prediction of quantitative health risk assessment for the fine particulate matter in an underground facility using deep recurrent neural networks[J]. Ecotoxicology and environmental safety, 2019, 169: 316–324.

[39] Park S, Kim M, Kim M, et al. Predicting PM10 concentration in Seoul metropolitan subway stations using artificial neural network (ANN)[J]. Journal of hazardous materials, 2018, 341: 75–82.

[40] Kim Um J B, Kim S, Lee Ae G J, et al. Status of PM in Seoul metropolitan subway cabins and effectiveness of subway cabin air purifier (SCAP) [J]. Clean Technologies & Environmental Policy, 2014, 16(6): 1193–1200.

[41] 杨复沫，贺克斌，马永亮，等．北京大气细粒子PM2.5的化学组成[J]．清华大学学报自然科学版，2002，42（12）：1605–1608.

[42] 段凤魁，贺克斌，马永亮．北京PM2.5中多环芳烃的污染特征及来源研究[J]．环境科学学报，2009，29（7）：1363–1371.

[43] 刘刚，滕卫林，杨忠乔，等．杭州市大气PM2.5中部分元素的分布[J]．环境与健康杂志，2007，24（11）：890–892.

[44] 王红斌，陈杰，刘鹤，等．西安市夏季空气颗粒物污染特征及来源分析[J]．气候与环境研究，2000，5（1）：51–57.

[45] 庄马展．厦门大气细颗粒PM2.5化学成分谱特征研究[J]．现代科学仪器，2007，5：113–115.

[46] 杨复沫，贺克斌，马永亮，等．北京PM2.5化学物种的质量平衡特征[J]．环境化学，2004，23（3）：326–332.

[47] 周家斌，王铁冠，黄云碧，等．不同粒径大气颗粒物中多环芳烃的含量及分布特征[J]．环境科学，2005，26（2）：40–44.

[48] 杨春雪，阚海东，陈仁杰，王庚辰，王普才．我国大气细颗粒物水平、成分、来源及污染特征．中国PM2．5污染现状及其对人体健康的危害[J]．科技导报，2014，32（26）：72–78.

[49] WANG G C, WANG P C. PM2.5 pollution in China and its harmfulness to human health [J]. Science & Technology Review, 2014, 32(26): 72–78.

[50] 杨洪斌，邹旭东，汪宏宇，等．大气环境中PM2.5的研究进展与展望[J]．气象与环境学报，2012，28（3）：77–82.

[51] HAMRA G B，GUHA N, COHEN A, et al. Outdoor particulate matter exposure and lung cancer: a systematic review and metaanalysis[J]. Environmental Health Perspectives，2014, 122(9): 906–911.

[52] 王新如．地铁车站细颗粒物分布规律及运动特性研究[D]．北京：北京工业大学，2017.

[53] 王姣姣．寒冷地区某地铁屏蔽门系统站台颗粒物浓度分布实测研究与模拟分析[D]．陕西：长安大学，2017.

[54] 黄丽坤，王广智．城市大气颗粒物物组分及污染[M]．化学工业出版社.

第3章 非换乘地铁车站细颗粒物污染研究

随着地铁作为交通工具的普及，地铁内的空气质量也越来越引起居民的重视。越来越多的研究表明，地铁内的颗粒物浓度较高，将对居民的身体健康产生影响。为了更好地了解地铁内空气质量情况，本书第3章至第5章，对以北京地铁为主的相关实测数据进行展示与初步分析。

本章按照地铁的车辆类型、车站构造及环控系统对地铁的内部结构进行进一步介绍，并对北京地铁的非换乘站的实测结果进行展示。

3.1 地铁车站分类

地铁站点根据其使用功能可分为换乘站和非换乘站，其中换乘站点又根据其站点内所经过的地铁条数的不同可分为双站换乘和多站换乘；而非换乘站又可分为中间站和端点站。截至2018年12月，北京地铁共设车站391座，其中49座双换乘站，3座三换乘站。

如图3-1所示是雍和宫站地铁双换乘站的立体示意图，从图中可以看出其内部空间及建筑结构较为复杂，而多站换乘地铁站内的空间更为复杂。此外由于实际工程的需要，换乘站内空间的复杂程度也有所不同，这就体现在换乘方式上。换乘方式大致可分为同站台换乘、跨站台换乘、楼梯或电动扶梯换乘、大堂换乘、通道换乘等5种方式。其中同站台换乘及跨站台换乘都是较便捷的换乘方式，而通道换乘则被认为属于较复杂的换乘方式。

如图3-2所示是地铁非换乘站的立体示意图，与换乘站相比，它的内部结构较为简单。端点站在一条地铁站的两端作为起点站或终点站，而中间站是较为普遍的站点类型。

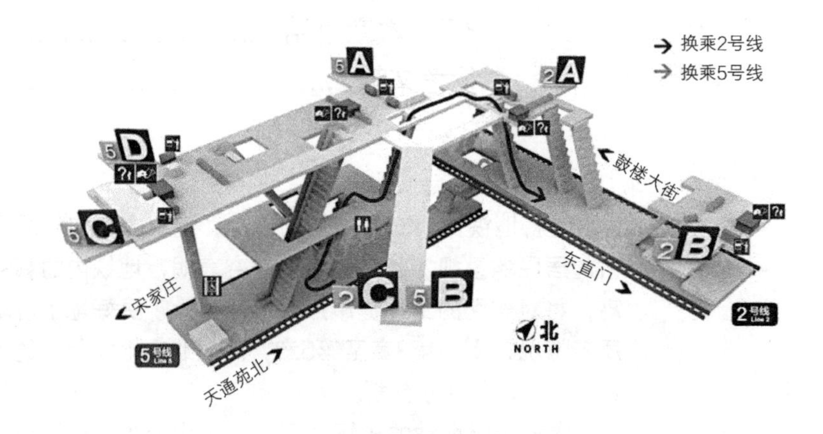

图3-1 雍和宫站地铁双换乘站的立体示意图

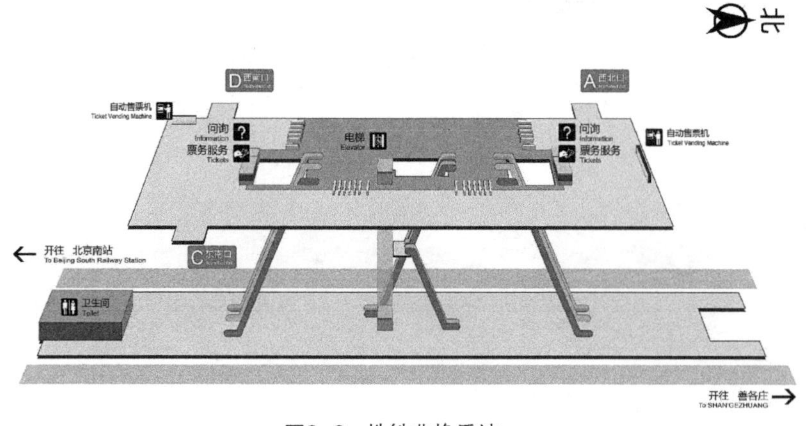

图3-2 地铁非换乘站

3.1.1 车辆类型

地铁车型是指地铁所用车辆的型号，一般而言，世界各地地铁车型没有统一的标准，往往是按照某个地方的地铁所需量身定制，比如纽约地铁的A系统和B系统。在中国内地，地铁主要以车宽为主，按照国际通用标准分为A、B、C三种型号以及L型，见图3-3、图3-4、图3-5；目前地铁车辆一般使用A、B两种车型，在综合考虑了地铁规划、线路客流、运营成本及车辆维修等因素后，多采用了B型车；而轻轨系统多使用C型车，L型属于直线电机列车。不同车型的车体尺寸见表3-1。

图3-3 A型车厢

图3-4 B型车厢

图3-5 C型车厢

3.1.2 车站构造

将较复杂的地铁站内空间划分为工作区、公共区与车厢三大主要部分。公共区又分为站台、站厅。如图3-6所示是地铁的站厅，它是站台与地面的一个过渡区域，其中主要设置售票处、安检处和检票处，乘客在站厅内做好乘车准备后再到达站台区乘车。如图3-7所示是地铁的站台区，乘客主要在站台区候车及上下车。车厢的研究也包含车厢所在隧道处的颗粒物分布的研究，如图3-8所示是地铁的隧道，它在地铁车厢与站台相连接处，其主要作用是供列车行驶。但是隧道并不是作为一个公共区存在的，它与乘客并不完全接触，所以其内部的细颗粒物分布的影响可通过对车厢及站台的研究，

图3-6 地铁站厅示意图

图3-7 地铁站台示意图

图3-8 隧道示意图

图3-9 车厢示意图

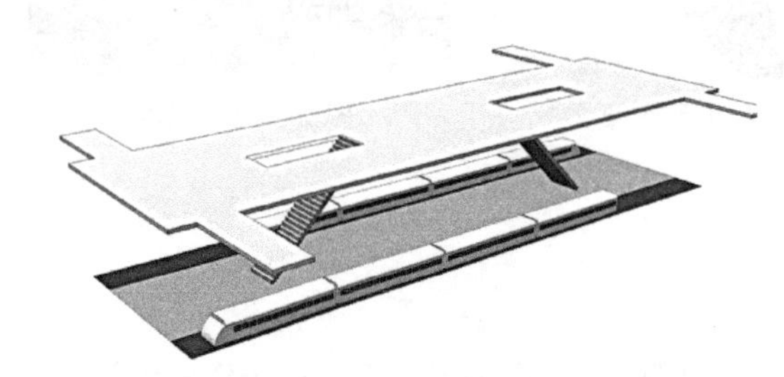

图3-10 岛式站台形式示意图

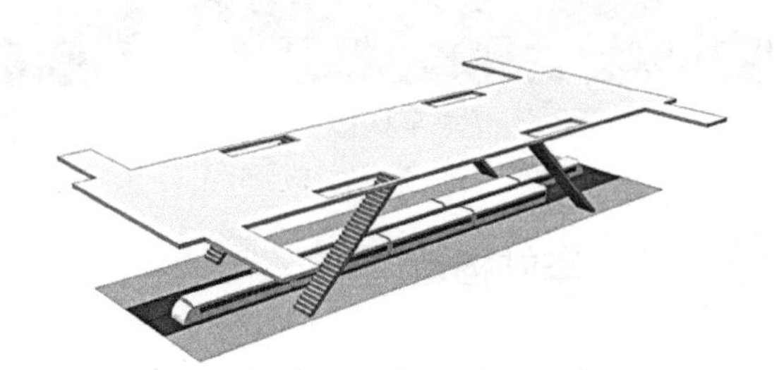

图3-11 侧式站台形式示意图

进行分析。相比之下，乘客与车厢内部空间直接接触，而且暴露在车厢内环境中时间较长，所以车厢内的细颗粒物分布值得去探索和研究（图3-9）。

地铁站的站台是指乘客等车时所处区域，分为岛式站台、侧式站台与混合式站台三类。岛式站台是指站台在轨道中间，轨道在站台两侧，如图3-10所示。中国大部分的车站都是岛式站台，相反方向的两个列车在同一个岛式站台上下车，方便客流组织，便于工作人员管理。岛式站台的缺点在于应对大客流能力不足，双向两台列车同时到站时易造成人员聚集。侧式站台是指站台在轨道两侧，轨道在站台中间，如图3-11所示。侧式站台方便客流疏散，但成本造价更高，需要设置更多的扶梯、直梯、电梯，且不宜换乘。

列车等级表 表3-1

	Ⅰ级	Ⅱ级	Ⅲ级	Ⅳ级	Ⅴ级
系统类型	高运量地铁	大运量地铁	中运量轻轨	次中运量轻轨	低运量轻轨
适用车辆类型	A型车	B型车	C-Ⅰ、Ⅲ型车	C-Ⅱ型车	现代有轨电车

续表

	Ⅰ级	Ⅱ级	Ⅲ级	Ⅳ级	Ⅴ级
最大客运量（单向小时人次）	4.5万～7.5万	3.0万～5.5万	1.0万～3.0万	0.8万～2.5万	0.6万～1.0万
路用情况	专用	专用	专用	隔离或少量混用	混用为主
站台高低	高	高	高	低（高）	低
车辆宽度（m）	3.0～3.2	2.8	2.6	2.6	2.6
车辆定员（站6人/m^2）	310	240	220	220	104～202
最大轴重（t）	16	14	11	10	9
最大时速（km/h）	80～160	100	80	70	45～60
平均运行速度（km/h）	34～40	32～40	30～40	25～35	15～25
轨距（mm）	1435	1435	1435	1435	1435
额定电压（V）	DC1500	DC1500（750）	DC1500（750）	DC750（600）	DC750（600）
受电方式	架空线/第三轨	架空线/第三轨	架空线/第三轨	架空线	地面轨道
列车自动保护	有	有	有	有/无	无
列车运行方式	ATO/司机驾驶	ATO/司机驾驶	ATO/司机驾驶	司机驾驶	司机驾驶
行车控制技术	ATC	ATC	ATP/ATS	ATP/ATS	ATS/CTC

混合式站台是指某一站台内含有超过两个站台时采用的一种岛式和侧式混合式的站台，一般大型的换乘站采用此形式站台。

站厅形式一般分为两类，整体式站厅和分离式站厅。分离式站厅是指两边站厅不相连，比如北京地铁2号线各站；整体式站厅就是两边站厅打通着，比如北京地铁1号线西单站往东的各个车站（除建国门站）。整体式站厅与分离式站厅的主要区别在于制作工艺的区别，整体式站厅多采取明挖法，分离式站厅多采取暗挖法。如图3-12、图3-13所示。

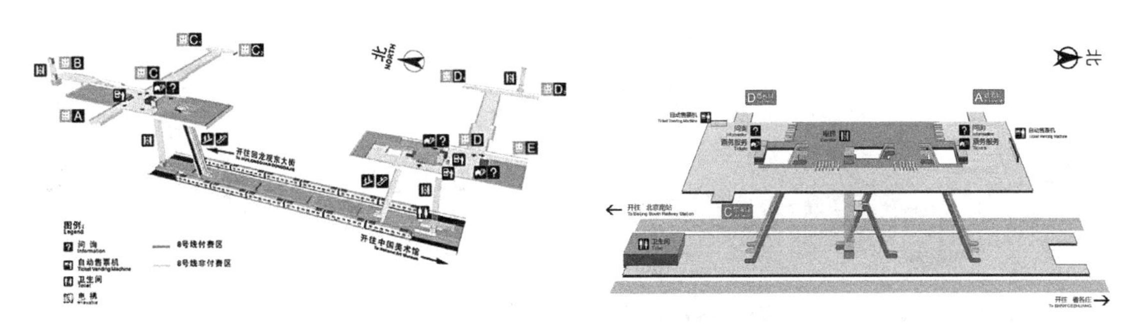

图3-12　分离式站厅

图3-13　整体式站厅

3.1.3 车站系统

车站的环控系统的主要措施包括降温、去湿、通风和空调，由于本文主要研究站内的空气品质问题，所以重点关注地铁站内的通风。地铁环控系统（空调通风系统）的主要作用是：（1）为乘客和工作人员提供一个合理的舒适的环境；（2）发生火灾或其他紧急情况时，进行合理的气流组织。本论文只考虑正常情况下站内的细颗粒物分布，不考虑火灾等非正常情况。

按照通风区域可将地铁站内的通风方式分为隧道通风、车站通风和列车通风。其中隧道通风是指当列车运行时，由于压差作用会产生“活塞风”，使隧道与室外通过隧道中间设置的通风井来进行气流交换，此时可用室外空气对隧道内的环境进行调节。车站通风又分为自然通风和强制通风，其中自然通风是指利用列车经过车站时产生的“活塞效应”造成站内与站外环境的压差进而形成对流作用，强制通风是指利用风机等机械手段促进站内与室外环境进行气流交换。列车通风是指专门针对列车车厢的通风，包括三种方式：第一种方式为通过车顶的通风风道强制把隧道风灌入列车；第二种方式在第一种方式的基础上安装进风制冷系统，完全使用外部新风；第三种方式与传统空调类似，用循环风和新风混合。

地铁的空调通风系统主要有三种：开式系统、闭式系统和屏蔽门系统。开式系统是用机械或“活塞风”的方式使地铁站内与室外环境进行空气交换。前者是指利用风机进行空气交换的机械通风系统，后者指单纯利用“活塞风”进行空气调节的自然通风系统。这种通风方式较节能，但容易受外界环境的影响，多在过渡季使用。闭式系统是指使地铁内部与站外大气环境基本隔绝，只供给部分新风满足站内空气新鲜度要求的通风方式，但是这种方式耗能高，只在制冷季使用，在非制冷季时此系统采用开式运行方式。屏蔽门系统是指沿轨行区在站台边缘安装屏蔽门，它将站台区和隧道区分割开来，两个区域分别进行空气调节，其中站台与站厅中安装空调系统，而隧道则更多利用隧道风井与外界进行空气交换。安装屏蔽门不仅减小了站内空调的系统负荷，也在安全方面起到很大的作用，如图3-14所示就是安装了屏蔽门的地铁站台。

关于地铁站台上的安全门系统，除了屏蔽门外还有无安全门式（图3-15）、半高安全门（图3-16）和全高安全门（图3-17）。在早期地铁建设中大多不设安全门，如早期的北京地铁1号线和2号线，后

图3-14 屏蔽门系统

图3-15 无安全门式系统

图3-16 半高安全门系统

图3-17 全高安全门系统

来出于安全方面的考虑，对1号线和2号线加设半高安全门，门高大概1.5m。近年来的地铁建设多使用全高安全门（约2.7m）和屏蔽门，这种方式既节能又安全。与屏蔽门不同的是全高安全门与站内顶棚并不接触，隧道区和站台区通过顶上的宽缝相互连通。

3.1.4 地域特色

地铁作为交通工具必须全天候无间断持续运行，因此全年不同季节都必须保证地铁环控系统按照标准正常工作。地铁的环控系统的主要功能是进行地铁内热环境的控制，但同时也衍生出来对地铁通风空调系统的控制。

地铁的通风空调系统同时兼作地铁站内的供冷系统。不同的季节地铁站内的温度有不同的要求标准，但温度差值一定小于室外季节引起的温度变化值；因此地铁供冷系统需根据标准进行地铁站内的温度调节，以保证乘客的舒适度。我国南北纬度差异较大，不同地理位置全年由于季节不同引起的温度值变化也具有较大的差异；因此处于不同地理位置的地铁在进行供冷系统设计时必然具有一定的设计差异，即地铁空调的通风系统设计根据所处地理位置不同，而具有差异。进一步进行延伸，地铁的环控系统也将由于地铁所修建地域不同，在设计运行时均有一定差异。

地铁的环控系统同时影响着地铁内的细颗粒物的分布浓度，所以，修建于不同城市的地铁站，即处于不同地域的地铁站内的细颗粒物浓度的分布存在着一定的差异性。

3.2 测试车站介绍

3.2.1 北工大西门站

北工大西门站位于北京市朝阳区东南三环外，松榆北路与西大望路交会处南侧，北京工业大学西门外，呈南北走向布置。该站于2015年12月26日随14号线中段通车试运营而投入使用。作为14号线的一个站点，北工大西门站为地下车站，采用整体式站厅，岛式站台设计，站台采用屏蔽门系统。车站结构总长度222.9m，标准段宽21.1m。底板埋深17.85m，顶板覆土约3.0m。如图3-18为北工大西门站内立体图。

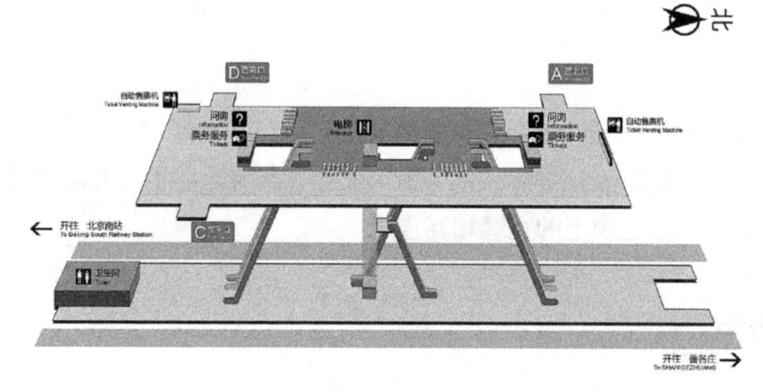

图3-18 北工大西门站内立体图

3.2.2 安华桥站

安华桥站属于北京地铁8号线，该站于2012年6月完成主体施工，2012年12月30日北京地铁8号线二期南段开通时投入使用。安华桥站位于北京市朝阳区，即北三环中路和北辰路与鼓楼外大街交会处，8号线车站呈南北向布置。车站主体紧贴安华桥西侧。安华桥站为地下车站，中部下穿三环路段为分离式站厅，两端为岛式站台，采用换乘通道进行换乘。车站工程总长227m，总建筑面积1.8万m²。安华桥站地铁站采用的系统为屏蔽门系统。如图3-19为安华桥站站内立体图。

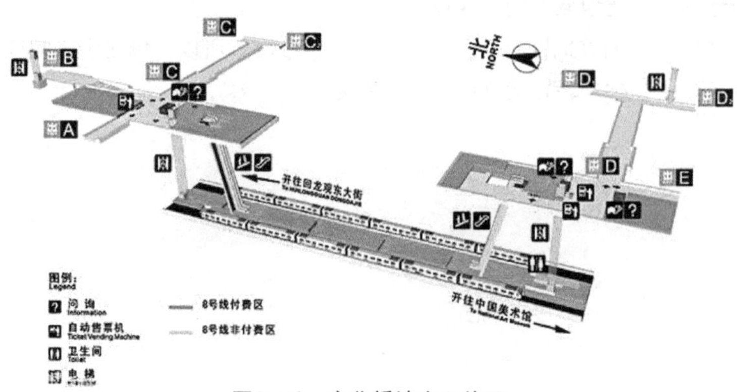

图3-19 安华桥站内立体图

3.2.3 八角游乐园站及苹果园站

八角游乐园站位于北京市石景山区八角立交桥东侧，是北京地铁1号线的一个车站。该站采用地下车站、分离式站厅、侧式站台。该站采用半高安全门。八角游乐园站于1971年11月7日投入使用，如图3-20为八角游乐园站站内立体图。

苹果园站是中国最早的地铁——北京地铁1号线的起始站，也是中国历史最久，运营时间最长的地铁总站，于1973年4月2日通车投入使用。该站位于北京市石景山区金顶山南路、苹果园路与苹果园南路之间，车站呈西北、东南走向。苹果园站作为1号线最西端的运营车站，同时也是1号线与6号线的换乘车站。在1号线上的苹果园站台为地下侧式站台，分离式站厅。在6号线的苹果园站为地下岛式站台车站，分离式站厅。如图3-21为苹果园站站内立体图。

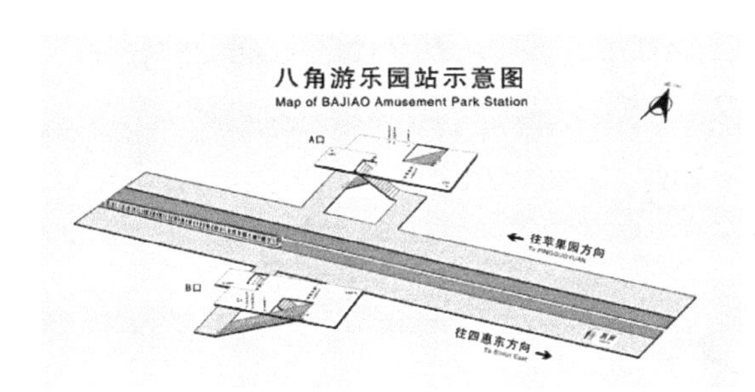

图3-20 八角游乐园站内立体图

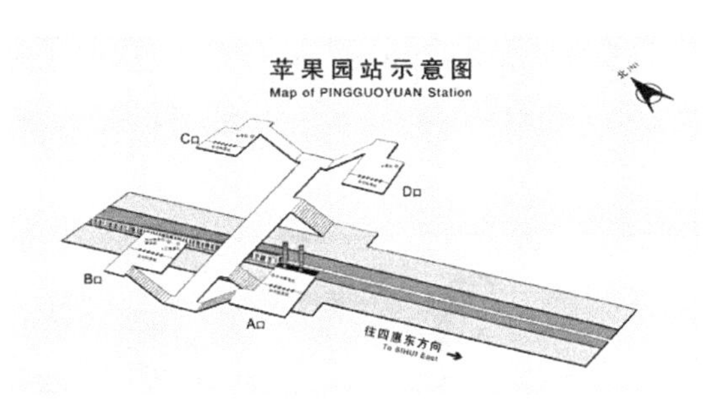

图3-21 苹果园站站内立体图

3.2.4 东大桥站

东大桥站位于东二环和东三环之间，工体东路—东大桥路和朝阳门外大街、朝阳北路的交会处东侧，位于朝阳北路地下。6号线车站呈东西走向。该站为地下车站，采用整体式站厅，岛式站台设计，双柱三跨结构，车站工程总长255m。东大桥站采用全高安全门将站台与车厢进行分隔。该站于2012年12月30日随6号线一期工程车站一起开通。如图3-22为东大桥站站内立体图。

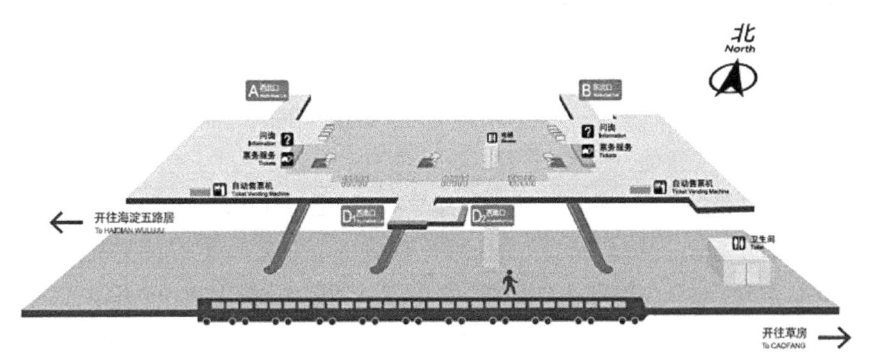

图3-22 东大桥站站内立体图

3.2.5 安德里北街站及奥体中心站

安德里北街站是北京地铁8号线的一座地下地铁站，该站位于北京市东城区鼓楼外大街和安德里北街交会处，呈南北向布置。该站为地下二层车站，分离式站厅，岛式站台布置。车站工程总长242.2m。总建筑面积14145m²。安德里北街站于2015年12月26日启用。

奥体中心站是北京地铁8号线的一座地铁站，位于北京市朝阳区北辰路，在北四环与北辰桥交叉处以南，呈南北走向。虽然在2008年7月19日8号线一期就已经开通，但是在奥运会和残奥会期间，奥体中心站（奥林匹克中心站）因采用奥运期间的客运组织方式，所以处于封闭状态，直到2008年10月9日8号线对公众开放才正式启用。采用整体式站厅的奥体中心站为地下两层车站，地下一层为站厅层，地下二层站台是一座14m宽的岛式站台。地铁站内设3条出入通道，地上一共设4个出入口。如图3-23为奥体中心站内立体图。

8号线车站均采用屏蔽门设计，因此安德里北街站与奥体中心站使用屏蔽门隔离车厢隧道与站台。

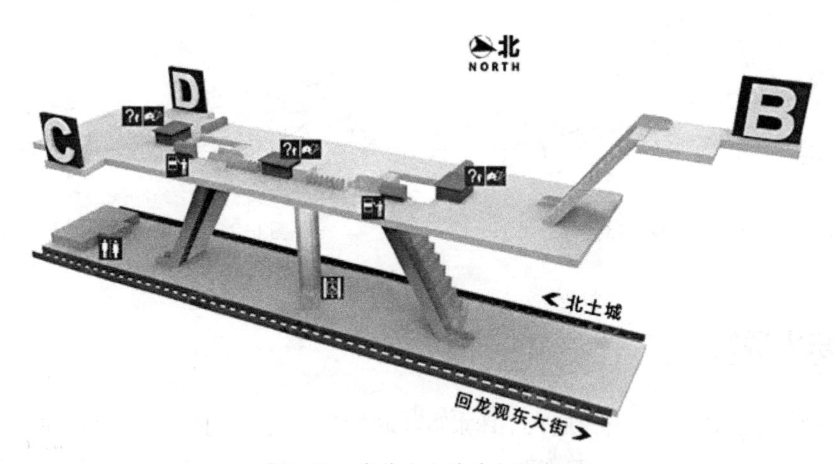

图3-23 奥体中心站站内立体图

3.2.6 亦庄线旧宫到同济南路站

亦庄线从旧宫站起至荣昌东街站依次的车站顺序为：旧宫站、亦庄桥站、亦庄文化园站、万源街站、荣京东街站，荣昌东街站。

旧宫站是北京地铁亦庄线的一座高架车站。该站位于凉水河西岸，呈南北走向，于2010年12月30日开通时启用。旧宫站采用分离式站厅，侧式站台，半高安全门设计，共设有4个出入口。如图3-24为旧宫站内立体图。

从亦庄站起至荣昌东街站，沿途各站均为高架车站，均随亦庄线于2010年12月30日开通时启用。车站均采用分离式站厅、侧式站台、半高安全门设计，并设有4个出入口。站内立体图也与旧宫站的站内立体图相似。

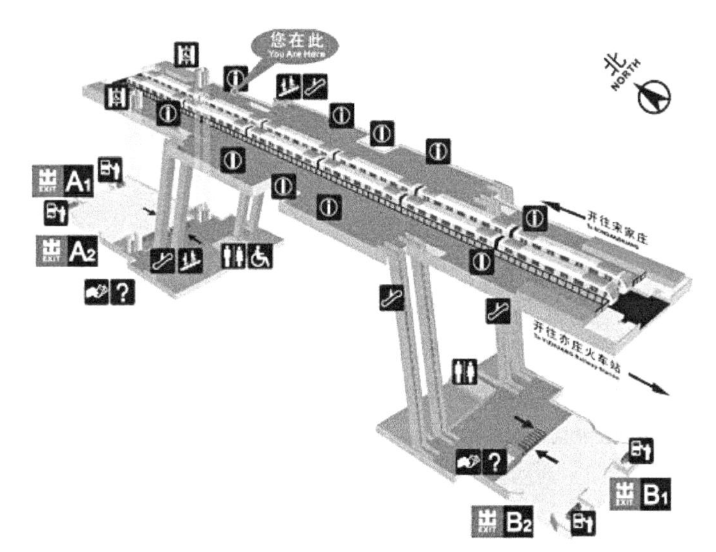

图3-24 旧宫站站内立体图

亦庄桥站位于北京市经济技术开发区西北边缘，五环路和三台山路交会的亦庄桥东南，文化园西路北侧，呈东西走向。亦庄文化园站位于北京市经济技术开发区内，天华东路和文化园西路交会处西北，呈东西走向。万源街站位于北京市经济技术开发区内，宏达北路和万源街交会处西南，呈西北—东南走向。该站采用侧式站台设计，车站外观为“方盒子”型。站外有2处公交港湾。荣京东街站位于北京市经济技术开发区内，宏达北路—宏达中路和荣京东街交会处西南，呈西北—东南走向。荣昌东街站位于北京市经济技术开发区内，宏达中路—宏达南路和荣昌东街交会处西北，呈西北—东南走向。

同济南路站为荣昌东街站的下一站，该站仍为高架车站。该站位于北京市通州区同济南路与康定街交汇处西南，呈西南—东北走向。采用分离式站厅、一岛一侧式站台设计，车站外观为“方盒子”型。同旧宫站相同，采用半高安全门设计，设有4个出入口。该站于2010年12月30日开通启用，如图3-25为同济南路站内立体图。

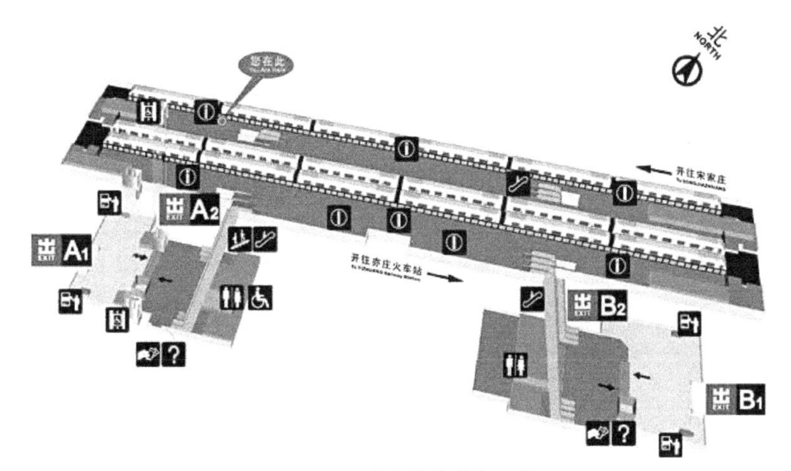

图3-25 同济南路站站内立体图

3.3 测试仪器及方法

3.3.1 测试采用的仪器

如图3-26、图3-27所示，测试所使用的颗粒物测量仪器主要有两种：

（1）美国TSI8532可吸入颗粒粉尘分析仪，如图3-26所示，该仪器用90° 光散射的方法，能够通过更换测试头实现测试PM10、PM4、PM2.5或PM1颗粒物浓度，并做到实时显示，它的量程为0.001～150μg/m³，精度为±0.1%，操作温度0～50℃，操作相对湿度0～95%，采样时间间隔可设置1s～1h。仪器外形尺寸为4.9m×4.75m×12.45m，由可充电蓄电池驱动，适用范围广泛，可用于干净的办公室，也可用于条件艰苦的工业车间、建筑工地及其他户外环境。

（2）CW-HAT200S手持式空气质量测试仪，如图3-27所示，该仪器是由深圳塞纳威公司生产的专用于测量空气中PM2.5及PM10数值的检测仪器，它的原理也是光散射，量程为0～500μg/m³，测量精度为±10%，采样时间60s，同时该仪器也配有温湿度传感器，温度范围5～45℃，相对湿度范围小于90%。该仪器精度较高，功能强大，操作简单，便于携带，适合小空间空气质量的测量。

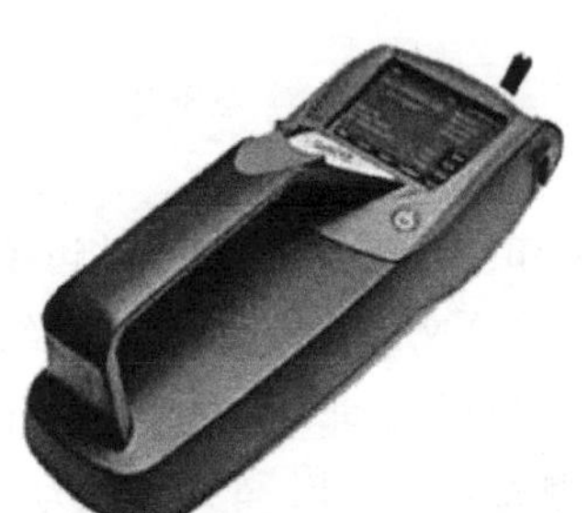

图3-26 便携式TSI8532粉尘测试仪

图3-27 手持式CW—HAT200S测试仪

3.3.2 测试主要方法与内容

本项目以了解和研究地铁内的空气品质为目的，对地铁站内的空气品质进行测试，测试主要方向分为舒适性及卫生安全两方面，旨在创造地铁的卫生安全以及舒适性和节能环境。主要内容：

地铁内污染物，包括PM2.5、PM10以及PM1等污染物浓度测试；

地铁站内舒适性参数，空气的温度、湿度、CO_2的浓度以及乘客的热舒适性调查；

系统的运行状况，主要是风系统的运行，关注送排风的风量。

测试重点安排计划如表3-2：

测试重点安排表　　表3-2

编号	重点项	重要性说明	备注
1	PM2.5	分区域测试是关键，也是研究地铁内污染物的基础	仪器
2	环境测试	作为一个基础平台，测试舒适性的主要参数	温湿度
3	客流量	调查舒适性	CO_2

3.3.3 测试选取点

本书为了研究站台、站厅、车厢与室外颗粒物浓度的变化规律，选取非换乘站什刹海站、安德里北街站、安华桥站、奥体中心站，对站台、站厅、车厢以及室外车厢同时进行实测，并对所测值取均值进行统计分析。

非换乘站测试点选取上节所介绍的北京地铁站点作为实测站点。

根据地铁站站台情况，列车进站方向共布置四个测点，将靠近列车一侧站台头至站台尾的直线距离均分，对颗粒物浓度进行测试，如图3-28所示，即列车进站停稳后，列车头位置的站台为测点1，列车尾位置的站台测点为测点4，中间两点为测点2、3，测试距离安全门横向距离为1.5m，水平高度为1.5m，同时尽量避免靠近楼梯口以减少站厅环境对站台环境的影响。进行地铁车站站台实测的站点14号线上北工大西门站、安华桥站，1号线上的八角游乐园站、苹果园站的站台实际测量点的布置均采用此方法。

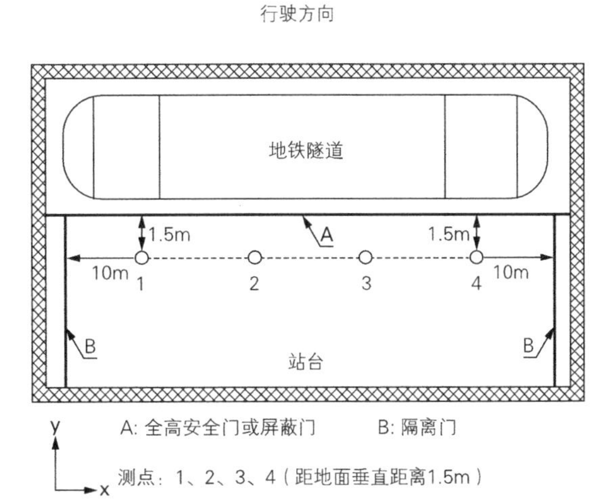

图3-28 站台测试点布置平面示意图

由于站台、站厅空间很大，内部的气流组织不稳定，因此测点布置在不同的位置时，所获取的实测数据也存在差异。当研究不同站台或站厅不同位置颗粒物浓度分布时，测点布置如图3-29和图3-30，在3.4.6节展示实测结果。

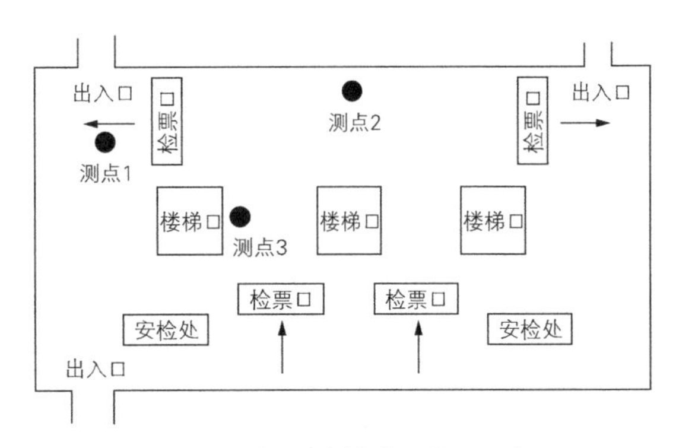

图3-29 站厅内测点布置平面示意图

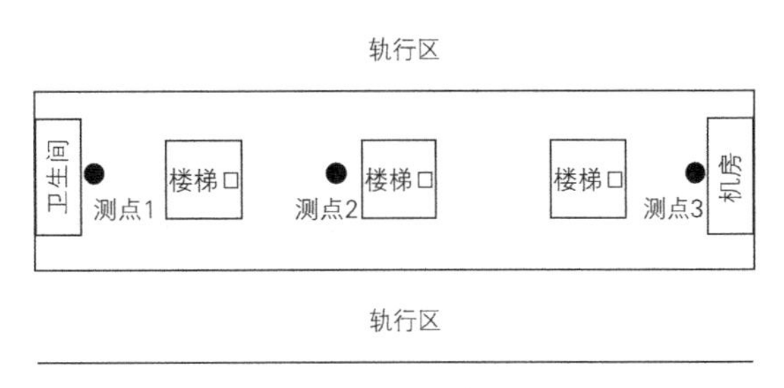

图3-30 站台内的测点布置

研究站厅各处颗粒物浓度差异时，选取北工大西门站及什刹海站进行数据采集，图3-29所示是站厅内测点布置示意图，虽然不同站台站厅的空间形状、出口个数和楼梯口个数会有差异，但其基本的布置和构造与图中的相似。站厅内布置3个测点，位置分别为出入口（测点1）、厅中间位置（测点2）和楼梯口处（测点3），这种布点方式的优势在于可以减少不同站点的站厅空间结构的差异。测试时对该区域内的3个测点进行同时测量，测点的水平高度为1.5m，处于普通人的呼吸区。

如图3-30所示是站台内的测点布置示意图。测点1和3在靠近站台两端的位置，测点2处于站台的中间位置。如果在侧式站台内布置测点，则测点1和3分别位于距站台两端建筑墙壁的2m处，测点2依然处于中间位置，而这3个测点在纵向上距两个安全门的距离相同。测量时对该区域内的3个测点进行同时测量，测点的水平高度为1.5m。

本书在进行地上、地下车厢浓度对比时，选取安德里北街站、安华桥站和奥体中心站作为地下实测选点；选取旧宫站、亦庄桥站、文化园站、万源街站、荣京东街站、荣昌东街站以及同济南路7站作为地上实测站点，实时连续的进行数据采集，记录列车在隧道内行驶、刹车减速、开门、加速行驶的时间段内的数据，对各时间段内的数据取均值后，进行统计分析。

3.3.4 测试时间段

测试约为13：30～15：30，为不间断连续测试，为不影响车站的正常运行，测试分为列车运行平峰期、高峰期以及室外环境优、良、轻度污染、中度污染、重度污染以及严重污染等不同的工况下对地铁车站进行测试。

在2016年10月，北工大西门地铁站进行了关于非换乘站站台的细颗粒物的实际数据采集工作，分别选取了平峰时段以及晚高峰时段进行了实际数据的采集。在同年10月25日和同年11月3日进行了关于非换乘站车厢内细颗粒物的分布研究。在2016年4月11日，安华桥站进行了关于非换乘站站台的细颗粒物的实际数据采集工作，选取13：50到15：00进行了实际数据的采集。在2016年1月27日及1月28日，团队进行对1号线上的八角游乐园站及苹果园站的实际数据采集工作。2016年1月21日，在东大桥站，团队进行了关于工作区PM2.5浓度分布的实际数据采集工作，测试时间为13：50到17：00。在2016年8月3日与8月10日，对地铁8号线的什刹海站的工作区进行实测。此时的什刹海站采用全空气空调系统，夏季空调开启，站内外温湿度差距较大，站内空气质量较好。

对于地上、地下车厢浓度实测数据的采集，采集仪器调为1秒一计数，测试时长约为30min。地下车站测试日期为2016年12月27日，空气质量为优；12月31日，空气质量为严重污染。地上车站的测试日期为2017年1月4日，室外空气质量为良；2017年2月28日，室外空气质量呈现严重污染。

对在进行站台、站厅、车厢以及室外颗粒物浓度变化的研究时，测试时间在2017年3月份，主要选取13：00到15：00的平峰时期进行测量。当研究站台、站厅、车厢时，每站测试时长为10min，当进一步对什刹海站的站台、站厅与室外进行对比研究时，测试时长约为30min。

对于站厅各个区域的实测颗粒物浓度差异的研究，本书选取北工大西门站、什刹海站进行实测试验，每次测试时长均为30min。对北工大西门站站台内的细颗粒物浓度的空间分布状况进行测试，选取了两个不同日期对该站站台进行同样内容的测试。第一次于2017年10月14日，室外空气的质量为优，测试时间是14：05～14：35，属于客流平峰期；第二次测试于2017年12月12日，进行同样内容的测试。在空气质量为优时，除了对北工大西门平峰时期进行了两次实测，还对客流高峰时期进行了实测工作，分别于2017年1月17日，测试时间为18：00～18：30；2017年2月9日，测试时间为17：55～18：25。在2017年12月14日年空气质量为轻度污染时，选取北工大西门站客流平峰时期进行实测数据的采集，测试时间为14：15～14：45。在2017年2月26日年空气质量为中度污染时，选取北工大西门站客流晚高峰期进行实测数据的采集，测试时间为18：15～18：45。对8号线什刹海站站台内相应测点的实测选在2017年10月14日，空气质量为优，测试时间为15：00～15：30，属于客流量平峰时期。

为了研究站厅各个区域的实测颗粒物浓度差异，本书选取北工大西门站、什刹海站进行实测试验，每次测试时长均为30min。在2017年10月14日以及12月12日，空气质量均为优时，在北工大西门站于13：30～14：00（即客流平峰时期）进行两次实测。在2017年1月17日，空气质量为优的晚高峰时段对北工大西门站进行1次实测。在同年12月14日，空气质量为轻度污染时，进行客流平峰期的北工大西门站实测工作，测试时间为下午13：40～14：10。同年2月26日，空气质量为中度污染，仍在北工大西门站进行了客流晚高峰期的实测工作，测试时间为17：20～18：10。除去14号线的北工大西门站站厅进行细颗粒物浓度测试外，还选取了另一条地铁线上的地铁站进行测试，即8号线上的什刹海站站厅。在2017年2月2日，空气质量为优，测试时间为17：55～18：25，属于客流晚高峰，对什刹海站站厅进行了颗粒物浓度分布的实测工作。

3.4 测试结果

3.4.1 站台

（1）北工大西门站

表3-3是在2016年10月份室外条件为PM2.5污染情况为优、轻度污染以及重度污染等不同条件下对北工大西门地铁车站的不同位置进行不同时段的测试。

北工大西门站测试结果 表3-3

日期	地点	PM2.5（μg/m^3）	PM10（μg/m^3）	温度（℃）	湿度（%）	测试时段
10月9日	室外	18	36	21	26	平峰期
	安检	52±35	109±75	23±2	42±17	
	站台	61±14	128±31	—	—	
10月11日	室外	216	439	25	51	平峰期
	安检	151±42	316±100	24±5	54±13	
	站台	161±76	339±149	26±7	50±15	
10月13日	室外	197	550	21	70	平峰期
	站台	263±49	562±112	27±3	54±11	
	站厅	258±70	543±134	25±2	58±6	
10月17日	室外	49	103	21	46	晚高峰
	站厅	48±5	100±13	23±3	41±9	
	站台	56±6	118±17	25±4	44±10	

续表

日期	地点	PM2.5（μg/m³）	PM10（μg/m³）	温度（℃）	湿度（%）	测试时段
10月18日	室外	261	551	20	77	平峰期
	站厅	205±43	442±88	20±1	74±6	
	站台	135±40	284±106	23±1	65±5	
	室外	380	820	18	88	晚高峰
	站厅	319±81	603±205	21±3	78±6	
	站台	237±20	483±46	24±1	68±3	
10月19日	室外	471	978	20	81	平峰期
	站厅	349±67	741±161	23±1	73±5	
	站台	314±18	658±	24±1	68±3	
	站厅	317	661	24	70	高峰期
	站台	391±236	833±572	25±7	68±26	

北工大西门站属于14号线东段，站台为岛式站台，并采用全高安全门将站台与隧道隔开。测试时间为2016年10月9日15：35～17：00，测试采用连续同时测试的方案，测试时间持续一个半小时，结果如图3-31所示，图中红色直线和黑色直线代表测试时间段站外的PM10和PM2.5值，当天的测试显示，室外空气质量良好，室外环境温度T=21℃，相对湿度ϕ=27%，PM2.5的值为17μg/m³，PM10的值为36μg/m³。

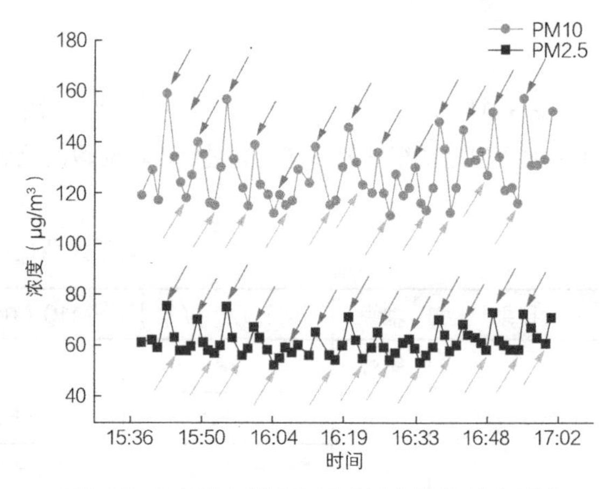

图3-31 2016年10月9日北工大西门站站台测试

如图3-31（书后有彩图）中所示对14号线北工大西门站站台进行的测试，测试中站台环境温度25℃，湿度为44%，列车的频率为7min/次，测试结果为站台内PM2.5的平均值为61μg/m³，PM10的平均值为128μg/m³，均高于同时刻的室外环境值。PM2.5的波动范围为52～75μg/m³，PM10的波动范围是112～159μg/m³。图中紫色箭头显示的是列车进站时刻，绿色箭头显示的是列车驶出站台时刻，从图中可以看出当列车进出站时，颗粒物有较明显的并且呈现周期性变化，说明14号线北工大西门站尽管带有屏蔽门，但是还是会受到一定的列车活塞风影响，造成PM2.5在列车进出站的波动Δ=10μg/m³。

（2）安华桥站

位于北京地铁8号线的安华桥站，采用岛式站台，屏蔽门系统。安华桥站的测试时间为13：30到15：00，列车运行频率为7min/次，测试时室外条件PM2.5的平均值为40.3μg/m³，PM10的平均值为100.2μg/m³，温度T=24℃，相对湿度24%。

站台内PM2.5的平均值为71μg/m³，PM10的平均值为112μg/m³，均高于同时刻的室外环境值。PM2.5的波动范围为52～90μg/m³，PM10的波动范围是89～139μg/m³。从图3-32中可以看出当列车进出站时对于颗粒物有较明显的影响，并且呈现周期性变化，说明即使使用屏蔽门，站台还是会受到一定的列车活塞风影响，造成PM2.5在列车进出站的波动，Δ=18μg/m³。

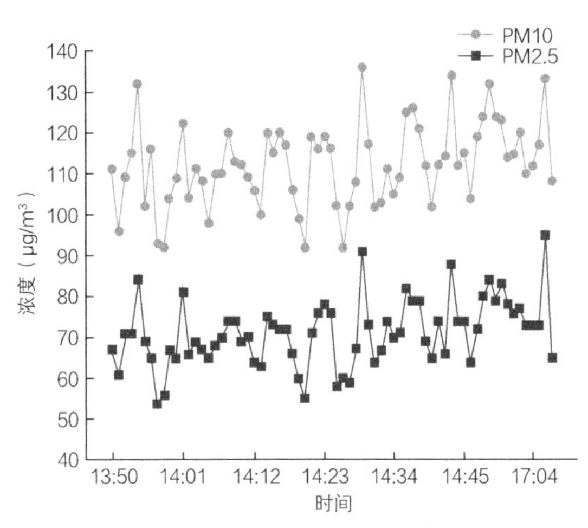

图3-32　2016年4月11日安华桥站测试

（3）八角游乐园站、苹果园站（1号线）

八角游乐园站位于北京市石景山区八角立交桥东侧，苹果园站则为北京地铁1号线最西侧车站。选取这两座车站，通过实测观察列车进站到离站全过程运行中的细颗粒物浓度分布情况。

从图3-33中可以看出无论室外空气品质好坏，站台处PM2.5浓度都远远超标，列车进站时站台的PM2.5浓度增加，离开时降低。但是对于站台本身，由于苹果园站为终点站，八角游乐园为中间站，车站功能不同，使得测试结果对于不同位置处的浓度值变化较大，尤其是苹果园的车尾比车头部分高270μg/m³。八角游乐园站台车头与车尾基本一致，中间位置稍低，这可能与中间位置受到隧道以及摩擦距离短等原因相关。

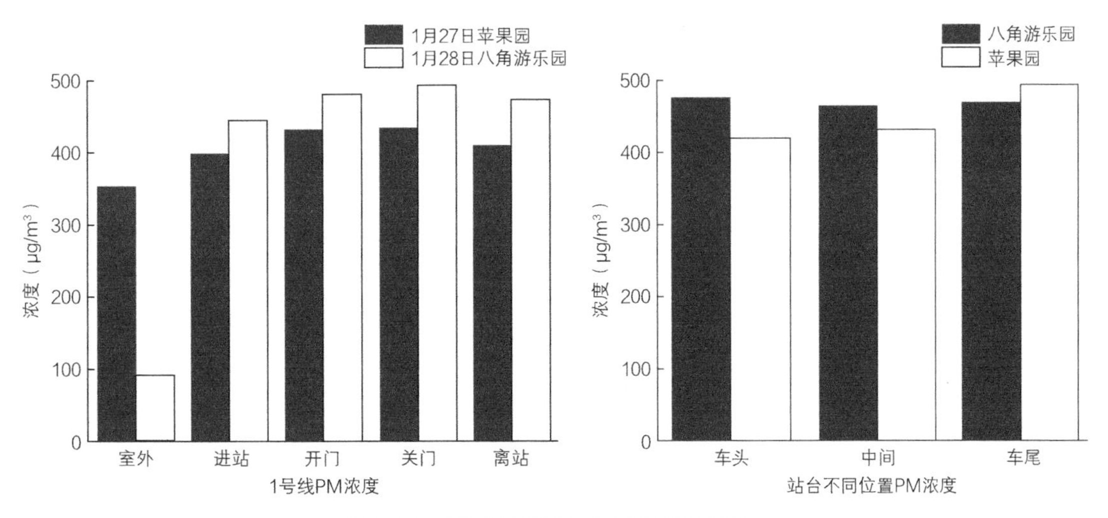

图3-33　1号线苹果园与八角游乐园站测试

3.4.2 站厅

站厅的测试主要是针对乘客上下楼梯口以及安检位置进行测试，对于站厅的测试还记录了当时客流量的情况，对于站厅测点测试结果如下：

如图3-34所示是2016年10月9日星期二15：30～17：00对北工大西门站站厅C口安检处进行的测试，测试采用连续同时测试的方案，测试时间持续一个半小时，结果如图3-34所示，测试时室外PM2.5为17μg/m³，PM10的值为36μg/m³，从图中可以看出PM2.5的平均浓度为51μg/m³，PM10的平均值为110μg/m³。同时与站台相比较，站厅处的PM2.5随着列车状态的变化幅度较小，波动值Δ=5μg/m³，说明对于有屏蔽门的地铁站，活塞风效应随着地铁深度的减少而减少。

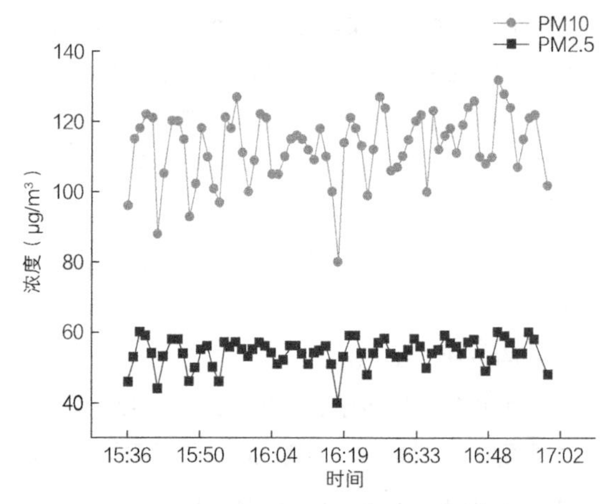

图3-34 2016年10月9日北工大西门站站厅C口安检处测试

3.4.3 车厢

对14号线的车厢测试采用的是单对北工大西门站测试，以及连续对车厢正常运行时对北工大西门站的测试，测试点选用的是车厢中部，尽量避免由于开关门产生的气流突变造成的测试误差。车厢正常运行工况测试路段为十里河站至九龙山站之间，开门时刻记录为北工大西门站开门时刻，图3-35中为橙色点表示，测试时间为14：00～17：00，此时列车的运行频率为7min/次。从图3-36中可以看出在车门打开的时刻前后车厢会产生变化，但是变化波动的幅度比较小，结合图3-35（书后有彩图）可以看到列车运行在隧道期间一般PM2.5保持平稳状态，在开门时刻产生的影响也不会持续。说明列车开门以及乘客的上下车对于车厢内部的PM2.5有影响，但列车在行驶区间PM2.5的稳定性较好，车厢一般保持稳定状态，说明列车内的PM2.5的浓度决定性因素是列车本身通风造成的。但是对于车厢的测试以及分析仍需要后续大量的测试以及进一步的研究和分析。

图3-37、图3-38是8号线地下列车车厢在站外空气质量不同的情况下，车厢PM2.5浓度变化图；图3-39、图3-40是地上高架列车亦庄线车厢在不同室外大气环境下，车厢PM2.5浓度变化图。

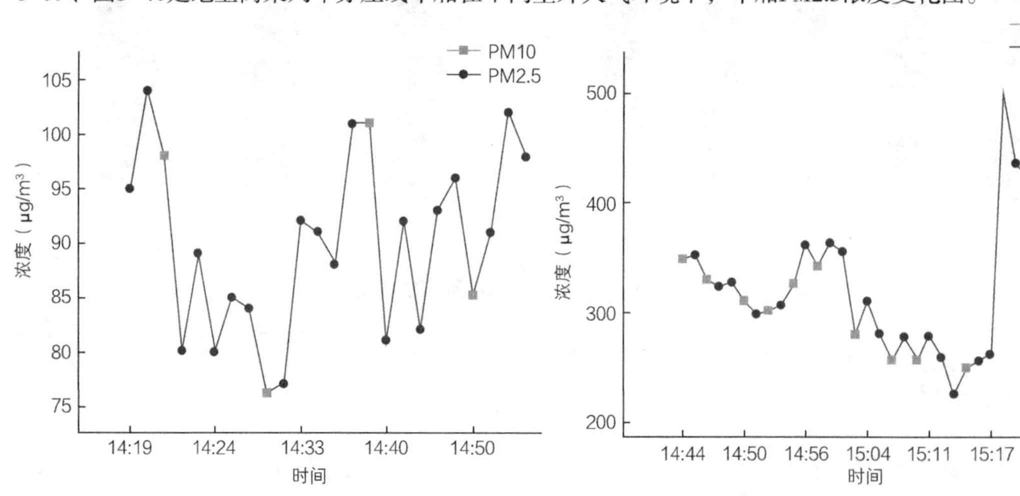

图3-35 北工大西门站站厅PM2.5测试结果

图3-36 北工大西门站车厢PM2.5测试结果

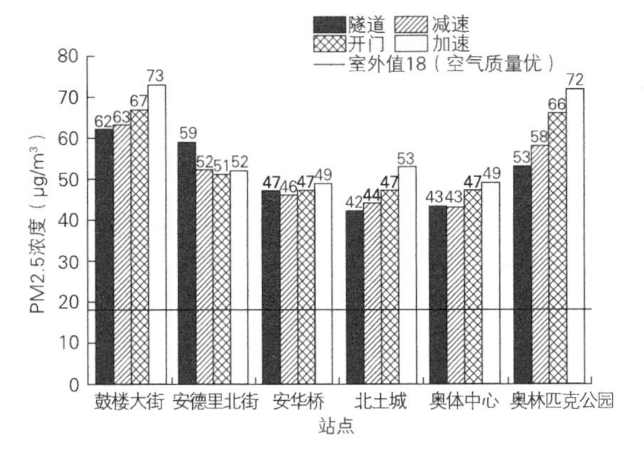

图3-37 2016年12月27日8号线地下列车车厢PM2.5浓度

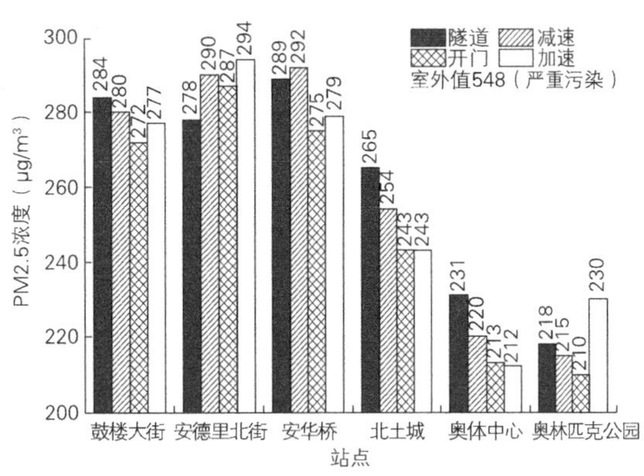

图3-38 2016年12月31日8号线地下列车车厢PM2.5浓度

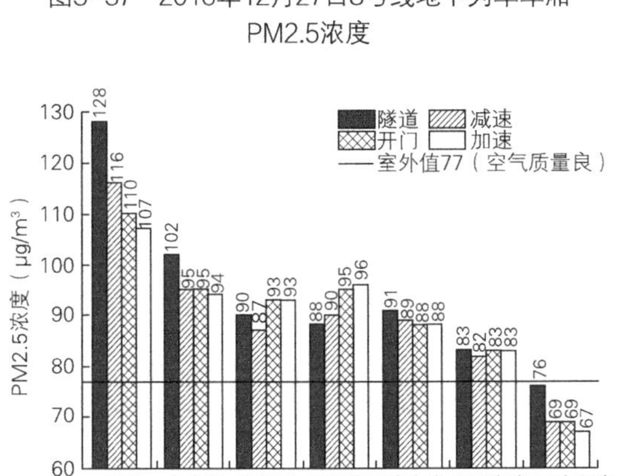

图3-39 2017年1月4日亦庄线地上列车车厢PM2.5浓度

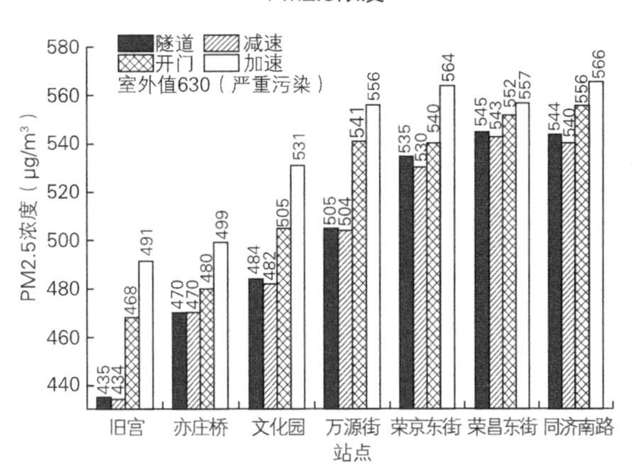

图3-40 2017年2月28日亦庄线地上列车车厢PM2.5浓度

12月27日室外PM2.5浓度为18μg/m³，空气质量为优，8号线地下列车车厢内PM2.5虽高于室外但并未超标。12月31日室外浓度为549μg/m³，空气质量严重污染，地下列车车厢内PM2.5浓度虽然小于室外但远远超过国家标准的75μg/m³。对比图3-37、图3-38两图可以发现，当室外空气质量为优时，地下列车开门车厢内PM2.5浓度会产生小幅度的上升但变化不明显。而当室外空气质量严重污染时，列车开门车厢内PM2.5浓度则会显著下降。从图3-37中可以看出列车开门以及从站台加速驶出都会造成车厢PM2.5浓度上升，这可能因为此时站台浓度高于车厢，因此列车开门会造成车厢内PM2.5浓度小幅度上升。而列车加速行驶的过程中会有风渗入车厢并带入隧道内的细颗粒物，从而造成车厢内PM2.5浓度再次上升。而图3-38列车开门车厢内PM2.5浓度下降则可能是因为此时站台PM2.5浓度小于车厢内浓度，因此每次开门进入新风反而对车厢内颗粒物进行稀释，造成车厢内浓度降低。

地上列车车厢则与地下列车车厢呈现相反的变化趋势。图3-39为2017年1月4日地上列车车厢PM2.5浓度变化趋势。此时室外PM2.5浓度77μg/m³，空气质量为良。从图3-38中可以看出，当室外空气质量较好时，列车加速减速开门车厢内并没有呈现明显的变化规律，图3-39整体却呈现下降的趋势。这可能由于列车刚驶出时车厢内浓度高于室外，但随着列车的不断的行驶，室外空气不断进入车厢对车厢的PM2.5产生稀释作用，使车厢内PM2.5浓度最终呈现下降的趋势。图3-40为2017年2月28日地上列车车厢PM2.5浓度变化趋势。此时室外PM2.5浓度为630μg/m^3，呈现严重污染。

图3-39中PM2.5浓度整体呈现上升趋势，尤其是当列车开门和加速行驶时上升幅度尤为明显。这是因为地上列车和室外相通，此时室外空气污染十分严重，车厢内略优于室外。因此，当列车开门和加速行驶时室外污染严重的空气会进入车厢内造成车厢内空气环境的再次污染，使PM2.5浓度产生明显上升。鉴于地上列车和地下列车车厢呈现出不同的变化规律，因此针对不同类型的列车，应提出不同的控制策略，以此来减轻车厢内PM2.5污染情况。

3.4.4 工作区

工作区是在2016年1月21日在6号线东大桥站测试，东大桥站是北京地铁6号线的一座车站，位于北京市朝阳区工体东路—东大桥路和朝阳门外大街、朝阳北路的交会处东侧，于2012年12月30日6号线一期开通。测试时间为13：50～17：00，测试时室外条件PM2.5的平均值为132μg/m^3，PM10的平均值为158μg/m^3，温度T＝-4℃，相对湿度34%。

图中会议室处于无通风模式，从图3-41中可以看出，尽管工作区处通风系统受到的影响少，甚至对于一些很深的车站，工作区几乎不受外在影响，但是车站的工作区颗粒物的浓度仍高于室外颗粒物浓度。对于同一车站的工作区，人多的空间，例如综控室、休息室和换衣间，相比于走廊和会议室，颗粒物的污染浓度会稍高。对于设备多，空间大并且通风不是很好，一些小的电气设备间甚至只有风扇，没有通风系统的设备区，PM2.5浓度最高，PM2.5平均值为257μg/m^3，PM10的平均值为542μg/m^3。这些数据都说明了地铁的工作区在通过通风系统受到室外环境影响的同时，也仍存在PM2.5的积累，并且由于工作区的较高封闭性，该区域的PM2.5具有污染不断积累、不宜扩散的特点。

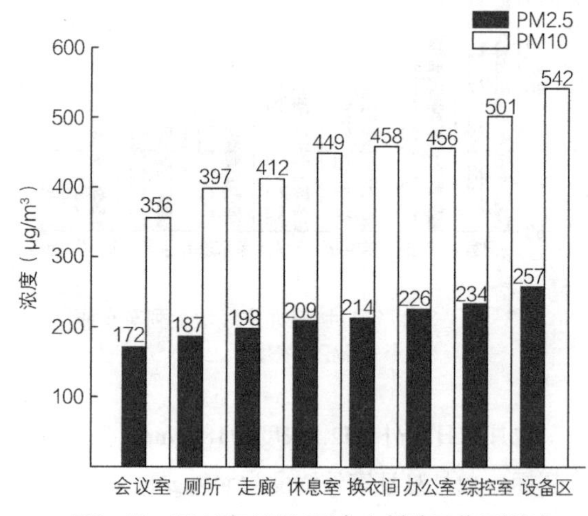

图3-41 2016年1月21日东大桥站工作区测试

对工作区的实测除了东大桥站外，还对8号线的什刹海站进行了实测。

图3-42为2016年8月3日什刹海站工作区各位置PM2.5浓度统计图。从图3-42中可以看出测试当日室外浓度为54μg/m^3，未超过国家标准75μg/m^3，但工作区大部分位置的PM2.5浓度都超过了国家标准。其中隧道浓度＞走廊＞站台＞其他位置，隧道PM2.5污染最为严重，高达111μg/m^3，是室外浓度的2倍。

图3-43是2016年8月10日什刹海工作区各位置PM2.5浓度值，当日空调运行模式为最小新风模式。从图3-43中可以看出当空调运行为最小新风模式时，新风道内PM2.5浓度几乎与室外值一致。此外，除新风道和站台浓度较高外，其他位置如环控室、综控室、站厅等PM2.5浓度几乎一样且均低于新风道内浓度值。

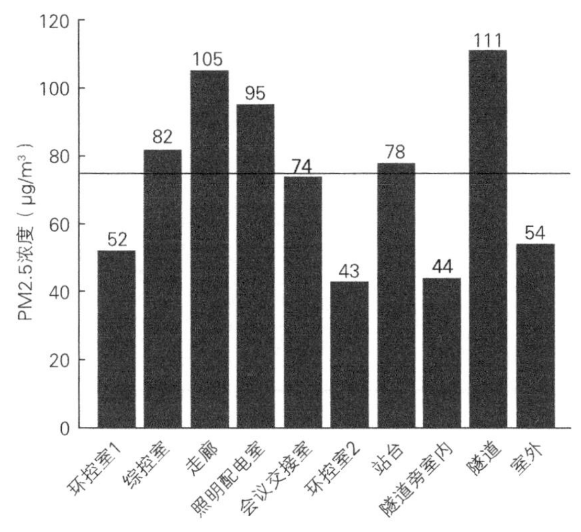

图3-42 2016年8月3日什刹海工作区PM2.5浓度

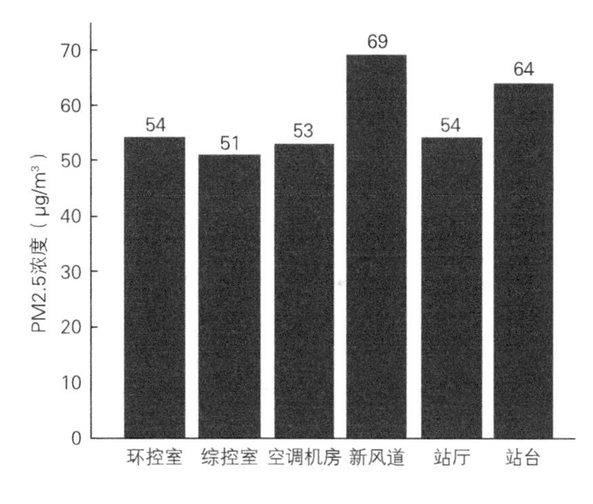

图3-43 2016年8月10日什刹海工作区 PM2.5 浓度

综上所述，地铁隧道内PM2.5污染严重，几乎为室外值的2倍，而工作区空气质量也令人担忧。地铁由于其半封闭的地下结构，空气流通较弱，因此更易积累颗粒物，若不及时采取措施，工作区的颗粒物污染情况也会日益严重。因此，地铁工作人员长期处于这种污染水平环境之下工作，必然会危害自身的身体健康。所以，在今后的研究中要针对工作区进行更深一步的研究，采取必要的防护措施和解决办法，以此来维护地铁工作人员的身体健康。

3.4.5 站台、站厅、车厢与室外的对比

实测当天室外PM2.5浓度为21μg/m^3，PM10浓度为27μg/m^3，室外空气质量为优。

首先，从图3-44中可以看出，测试当天所有站的站台、站厅、车厢的PM2.5浓度均高于室外。此外，除去个别站，剩下站的PM2.5浓度值均低于国家规范标准值。在实测完成后，通过询问地铁相关工作人员得知，测试当天什刹海站的通风系统正在维修，因此导致这两站的PM2.5和PM10的浓度值整体高于其他站。其次，从图3-44中可以看出所有站的站台PM2.5浓度均高于站厅，且站台和站厅呈现出一致的变化规律，即站台和站厅同步升高或降低。产生这样结果的原因在于站厅通风较好，颗粒物无法在室内进行积聚，因此其浓度比站台更低。最后，除去较为特殊的站台，剩下站呈现的整体趋势为站台＞车厢＞站厅。在本节中，我们发现在室外空气质量为优的情况下，列车到站开门会造成车厢PM2.5浓度的上升，并由此推测出站台PM2.5浓度可能高于车厢。在室外空气质量为优的情况下，站台PM2.5浓度的确大于车厢。

图3-45站台、站厅、车厢PM10浓度对比图基本与图3-44呈现一致的规律。从图中可以看出，测试当日所有站的PM10浓度均高于室外PM10浓度。另外，除了什刹海站的站台，剩下站的PM10浓度均未超过国家标准。观察图3-45，我们可以发现站台、站厅、车厢的PM2.5和PM10浓度变化规律基本一致。因此，我们可以认为在大部分情况下，当室外空气质量为优时，站台、站厅、车厢的颗粒物浓度大小关系为站台＞车厢＞站厅。

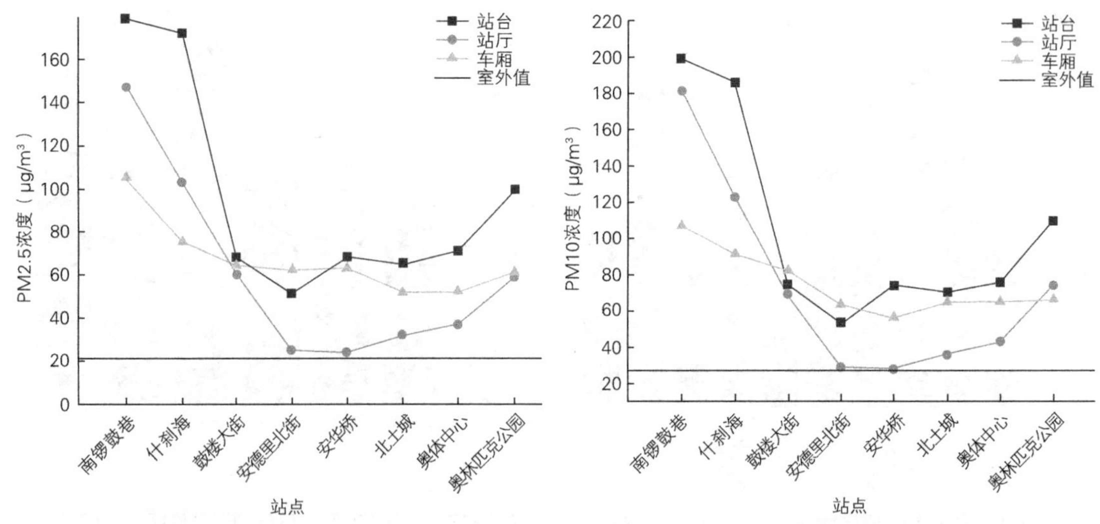

图3-44 站台、站厅、车厢PM2.5浓度对比图

图3-45 站台、站厅、车厢PM10浓度对比图

2017年3月16日对8号线什刹海站的站台、站厅、室外进行实时同时连续测试。此时室外温度为10℃，湿度为37%，风力为2级。测试结果如图3-46、图3-47所示。图3-46为站台、站厅、室外PM2.5对比变化规律图，图3-47为PM10变化规律图。

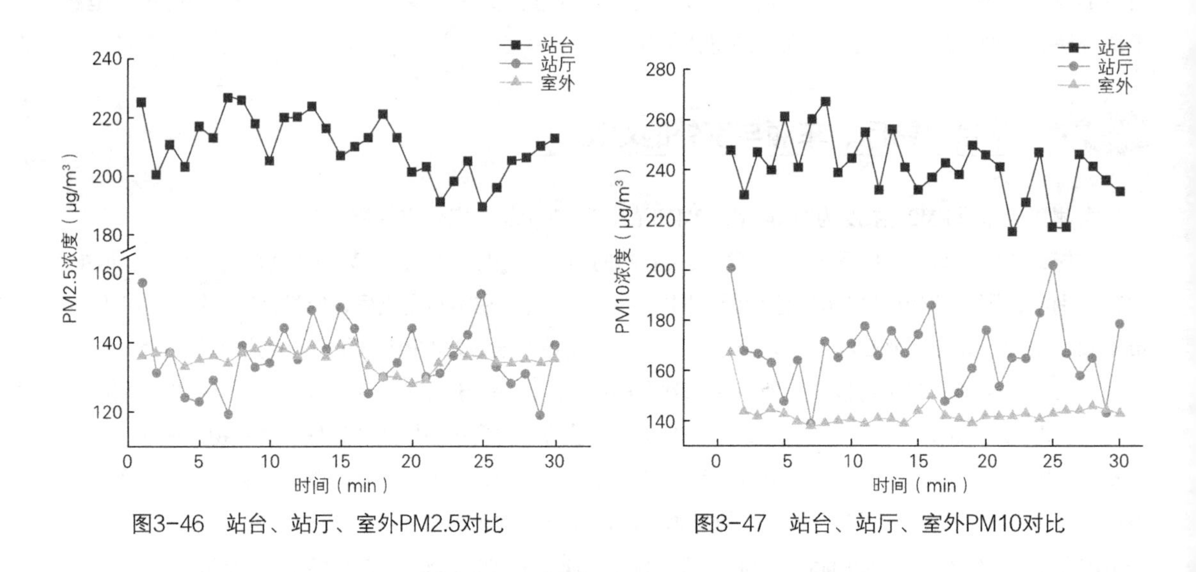

图3-46 站台、站厅、室外PM2.5对比

图3-47 站台、站厅、室外PM10对比

从图3-46和图3-47中可以看出，无论PM2.5还是PM10，站台浓度都远远高于室外和站厅。其中，从图3-47中可以发现，PM10呈现出明显的高低规律，站台＞站厅＞室外；而PM2.5则并没有此明显变化规律，室外与站厅值接近一致差别很小，且均值为135μg/m^3。

另外，从图3-46中可以看出，站台和站厅的PM2.5基本呈现一致的变化规律，站台升高站厅也升高，站台降低站厅也降低。而图3-47中PM10则没有呈现出相同的变化规律。因此，对站台、站厅

PM2.5和PM10研究应该分别对待，找出各自的规律。另外，本次测试室外工况PM2.5浓度为135μg/m³，PM10浓度为143μg/m³，按国家标准空气质量为轻度污染。在轻度污染的情况下，站台、站厅、室外呈现此变化规律，但不知室外条件发生变化，是否还呈现此规律。因此，在以后的研究中还需对室外空气质量为优和严重污染的情况，进行实测研究，找出相应规律。

3.4.6 站台、站厅不同位置对比

（1）站台不同位置比较

选取北京地铁14号线上的北工大西门站和8号线上的什刹海站，来测量站台内部的细颗粒物浓度空间分布状况。两个站点的站台均为岛式站台。首先对北工大西门站站台内的细颗粒物浓度的空间分布状况进行测试，选取了两个不同日期对该站站台进行同样内容的测试。第一次的测试当天室外大气中的细粒物PM2.5的浓度为15μg/m³，PM10的浓度为17μg/m³，测试结果如图3-48所示。第二次测试时的室外大气中的PM2.5为11.5μg/m³，PM10的浓度为13μg/m³，其数据如图3-49所示。

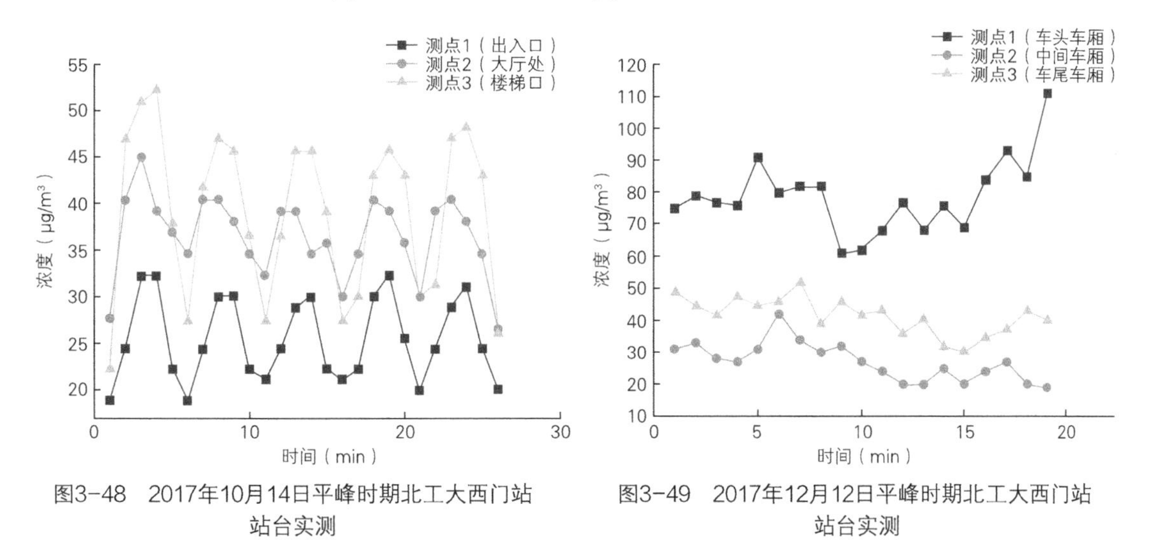

图3-48 2017年10月14日平峰时期北工大西门站站台实测

图3-49 2017年12月12日平峰时期北工大西门站站台实测

从上面两图中可以看出，测点1（站台端点1）处的细颗粒物浓度水平明显高于其他两个测点处的浓度水平。此外，图3-48中显示测点2（站台中间）处与测点3（站台端点2）处的浓度水平非常接近，两者的高低并不能从图中直接得出。而在图3-49中，前20分钟测点3处的浓度略高于测点2，后10分钟测点2又略高于测点3，所以也不能从图中直接判断出测点2和3处的浓度水平的高低。另一方面，两次测试中的3组浓度曲线都随时间而上下波动，当列车进站时，浓度升高；当列车离站后，浓度又降低。其中测点1和测点3处的浓度值波动较大，呈现出规律性的周期性波动，且两者的最大值和最小值出现的时间基本一致；而测点2处的浓度值曲线较平稳，波动较小。

将两次在站台测得的数据分别求平均值和标准偏差，其结果如表3-4所示。从两个表中可以看出，测点2和测点3处的细颗粒物平均浓度非常接近，测点3处的平均浓度略高于测点2处的平均浓度。通过数值比较可以得出，北工大西门站站台的3个测点处的浓度高低为：测点1（站台端点1）>测点3（站

台端点2）>测点2（站台中间）；而浓度值波动幅度从大到小依次为：测点3（站台端点2）>测点1（站台端点1）>测点2（站台中间）。

平峰时期北工大西门站台实测结果 表3-4

（a）2017年10月14日

测点	1	2	3
平均值μg/m³	49.46	37.56	37.59
标准偏差μg/m³	5.45	3.36	8.02

（b）2017年12月12日

测点	1	2	3
平均值μg/m³	76.14	60.19	63.14
标准偏差μg/m³	3.24	2.49	5.79

除了北工大西门站的站台，还对8号线上的什刹海站站台内相应测点的细颗粒物浓度进行了测试，测试内容和方法与北工大西门站站台内的测试相同。测试当天室外大气的细颗粒物PM2.5的浓度为15μg/m³，PM10的浓度为17μg/m³，空气质量为优。其测试所得的数据如图3-50所示。

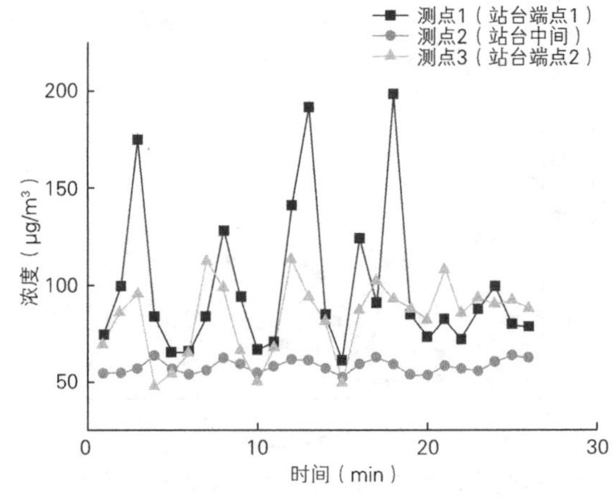

图3-50 平峰时期什刹海站站台实测

从上图中的3组浓度值曲线中可以看出，测点1（站台端点1）和测点3（站台端点2）处的浓度水平差异不明显，但都明显高于测点2（站台中间）处的浓度水平。虽然测点1和测点3处的浓度水平相似，但前者的最大值远高于后者的最大值，前者的最大浓度值达到了175μg/m³以上，细颗粒物污染状况为重度污染，而后者的最大浓度值在100～150μg/m³之间，污染状况为轻度或中度污染。相比之下，测点2处的浓度值在50～75μg/m³之间，对应的空气质量为良。由此可以看出站台两端与中间位置处的空气质量水平相差较大。从图中还可以看出，3个测点处的浓度值曲线都呈现出周期性波动，最大值出现的时间间隔约为6～7分钟，与列车的发车间隔基本一致。3组浓度值曲线的波动情况各不相同，其中测点1处的浓度组波动幅度较大，其次是测点3，最后测点2处的浓度值曲线较平稳，波动幅度较小。

同样将3组数据分别求得平均值和标准偏差值，其结果如表3-5所示。从表中知，测点1、2和3处的平均浓度值分别为94.72μg/m³、57.74μg/m³和82.86μg/m³，所对应的空气质量水平分别为轻度污染、良和轻度污染，说明站台两端的污染情况较中间位置重。此外，3个位置处的浓度值波动幅度也相差较大，波动幅度最大的是测点1处的浓度值，其标准偏差值是波动最小的测点2处的近10倍。由以上得出结论，什刹海站站台内3个测点位置处的细颗粒物平均浓度从高到低依次为：测1（站台端点1）>测点3（站台端点2）>测点2（站台中间）；而浓度值波动幅度大小顺序为：测点1（站台端点1）>测点3（站台端点2）>测点2（站台中间）。

平峰时期什刹海站站台实测结果　表3-5

测点	1	2	3
平均值μg/m³	94.72	57.74	82.86
标准偏差μg/m³	32.83	3.41	18.30

以上是在客流平峰期对两个站站台内细颗粒物分布状况的测试，接下来还对客流晚高峰期对站台内的情况进行测试。选取北工大西门站站台进行测试，第一次测试当天室外大气中的PM2.5的浓度为10μg/m³，PM10的浓度为17.8μg/m³，测得数据如图3-51所示，第二次的测试期间室外大气的PM2.5的浓度为13μg/m³，PM10的浓度为20μg/m³，测得的数据如图3-52所示。

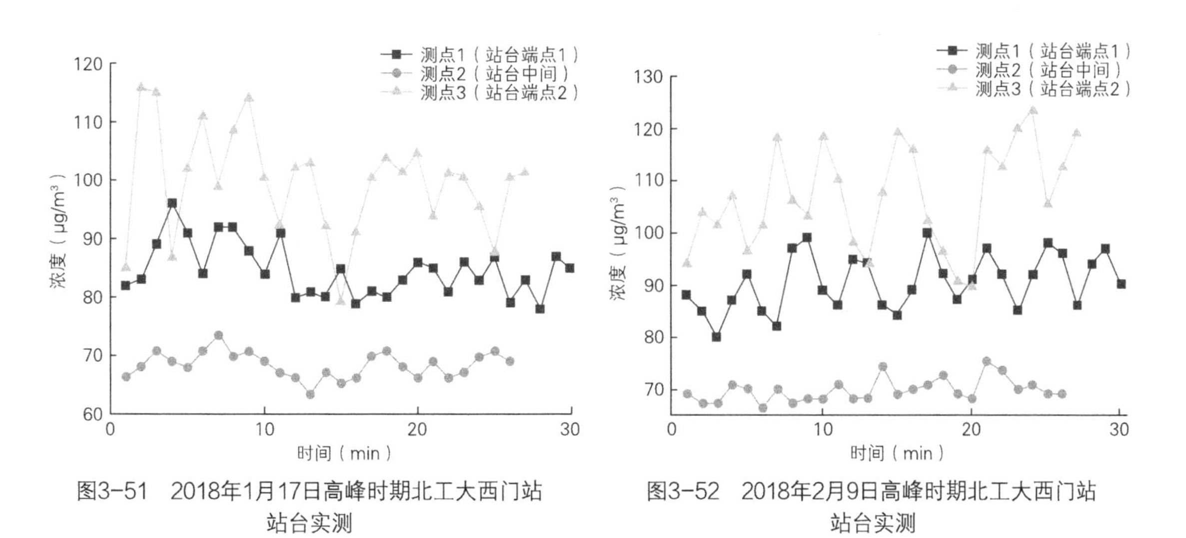

图3-51　2018年1月17日高峰时期北工大西门站站台实测

图3-52　2018年2月9日高峰时期北工大西门站站台实测

从图3-51与图3-52中可以看出，测点3（站台端点2）处的细颗粒物浓度明显高于测点1（站台端点1）处的浓度，远高于测点2（站台中间）处的浓度。从图中各点的浓度值分布可以看出，测点3处的浓度值大多超过了100μg/m³，细颗粒物污染状况属于轻度污染，而图3-51中测点3处的浓度峰值均超过了115μg/m³，属于中度污染；测点1处的浓度值分布在90μg/m³左右，也属于轻度污染；而测点2处的浓度值大部分分布在65～70μg/m³，属于良好。从图中3组数据的波动情况来看测点3处的浓度值波动幅度最大，其次是测点1处的浓度值波动幅度，而测点2处的浓度值波动幅度较小，曲线较平稳，除此之外，3组数据还有一个共同特点是浓度峰值出现的周期较短，约为4min。

为了更准确地得出结论，将该次测得的数据分别求得平均值和标准偏差值，其结果如表3-6所示，通过数值的比较得出如下结论，3个测点处的细颗粒物的平均浓度由大到小为：测点3（站台端点2）>

测点1（站台端点1）>测点2（站台中间），测点1和3处的细颗粒物污染状况为轻度污染，而测点2处的污染状况为良；3个测点处的浓度值波动从大到小依次为：测点3（站台端点2）>测点1（站台端点1）>测点2（站台中间），测点3处的浓度值波动幅度是测点2处的4倍多。

在对比站台各位置的颗粒物浓度分布时，除了在室外空气质量为优时进行实测外，还选择室外大气中的细颗粒物PM2.5的浓度为82.5μg/m³，即属于轻度污染的工况，进行北工大西门客流平峰期的实测工作。所得的浓度分布状况如图3-53所示。

高峰时期北工大西门站站台实测结果　表3-6

（a）2018年1月17日

测点	1	2	3
平均值μg/m³	84.70	68.38	99.58
标准偏差μg/m³	4.53	2.23	9.10

（b）2018年2月9日

测点	1	2	3
平均值μg/m³	90.59	69.67	107.20
标准偏差μg/m³	5.46	2.30	9.78

从图中首先可以看出，3个测点处的浓度值都比较高，最低浓度值在85μg/m³左右，属于污染状态。还可以得出，测点1（站台端点1）处的浓度水平较其他两处的浓度水平高，其次是测点3（站台端点2）处的浓度水平，而测点2（站台中间）处浓度水平较低。3个位置处的浓度虽然高低不同，但3组浓度值曲线都有相交，这一方面说明了不同测点处的浓度值差别较小，另一方面也说明了个别测点处的浓度值波动幅度很大。3组浓度值曲线都随时间呈周期性波动，其中可明显看出测点1处的浓度波动幅度较大，其次是测点3、测点2处的浓度值曲线较为平稳，波动幅度较小。

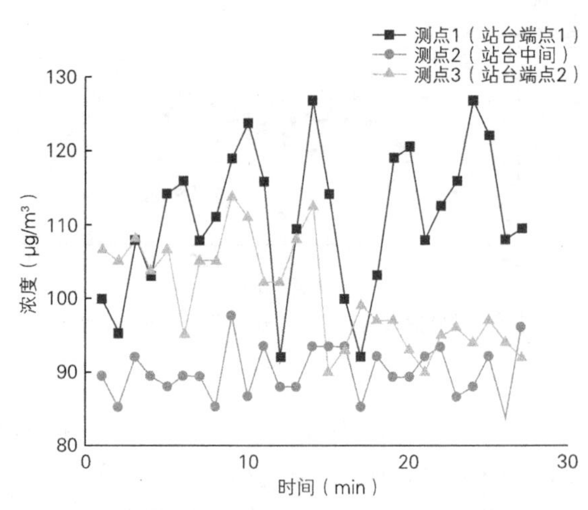

图3-53　2017年12月14日平峰期北工大西门站站台测试

将3组数据分别求出对应的平均值和浓度偏差值，结果如表3-7所示。从表中可以看出，3个位置处的浓度平均值都相对较高，而各点之间的平均值相差较小；测点1和测点3处的浓度值波动幅度远大于测点2处。从数值的角度得出以下结论，3个位置处的浓度平均值从高到低依次为：测点1（站台端点1）>测点3（站台端点2）>测点2（站台中间）；3处的浓度波动幅度顺序为：测点1（站台端点1）>测点3（站台端点2）>测点2（站台中间）。

平峰时期北工大西门站站台实测结果 表3-7

测点	1	2	3
平均值μg/m³	110.88	90.04	100.44
标准偏差μg/m³	9.78	3.52	7.10

在客流高峰期，对北工大西门站站台相应各位置进行测试所得的数据如图3-54所示。测试当天室外的细颗粒物PM2.5浓度为161μg/m³，空气质量为中度污染。

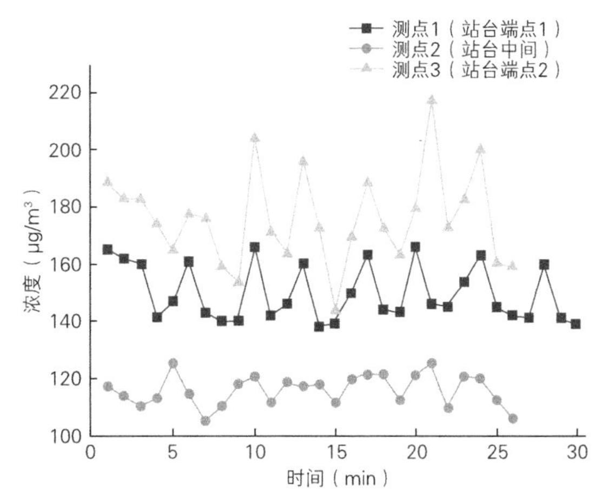

图3-54 2018年2月26日高峰期北工大西门站站台测试

从图中可以看出，测点1（站台端点1）和3（站台端点2）处的细颗粒物浓度水平明显高于测点2（站台中间）处的浓度水平，且测点3处的浓度略高于测点1处的浓度。3个位置处的细颗粒物浓度水平由高到低依次为：测点3＞测点1＞测点2。3组浓度值曲线均呈周期性波动，其中测点2处的浓度值波动较小，其他两处的波动较大，而测点3处的浓度波动最大。

从表3-8中的标准偏差值中可以得出3个位置处的浓度波动幅度大小为：测点3（站台端点2）＞测点1（站台端点1）＞测点2（站台中间）。其中浓度波动最大的测点3处的波动幅度是最小的测点2处的3倍多，平均浓度最大的测点3处的值比最小的测点2处平均浓度高59.16μg/m³。

高峰时期北工大西门站站台实测结果 表3-8

测点	1	2	3
平均值μg/m³	148.17	116.07	175.23
标准偏差μg/m³	9.50	5.71	18.40

（2）站厅不同位置比较

对于站厅不同位置的颗粒物浓度分布，选取北工大西门站与什刹海进行实测数据采集工作。首先在空气质量为优的室外空气质量条件下，进行北工大西门客流平峰期的实测试验。测试当天室外大气中的细颗粒物PM2.5的浓度为15μg/m³，PM10的浓度为17μg/m³。该站站厅内的细颗粒物浓度的空间分布如图3-55所示。

从图3-55中可以看出，测点2（大厅处）和测点3（楼梯口）处的细颗粒物浓度明显高于测点1（出入口）处的细颗粒物浓度，而测点2和测点3的浓度大小差异不明显。除了浓度高低的差异，这3个测点处的细颗粒物浓度的波动也有明显差异。在测试的30min内，浓度值曲线出现了5次波峰，大约每6min出现一次，而在客流平峰期间列车的发车频次为6min/次，而且每次列车到站时，站厅内各点的浓度值都会升高，列车离站后站厅内各点的浓度又都会降低。浓度值随列车到站和离站的过程上下波动，波动周期与该时间内列车发车频次相同。从图3-55中显示出，虽然测点2和测点3处的浓度值水平相似，但测点3处的浓度最大值和最小值都大于或小于测点2处的浓度值，从图中也可以得出测点3（楼梯口）处细颗粒物的浓度值的波动较大，明显大于测点1和测点2处的浓度波动，而测点1和测点2的浓度值波动差异较小。

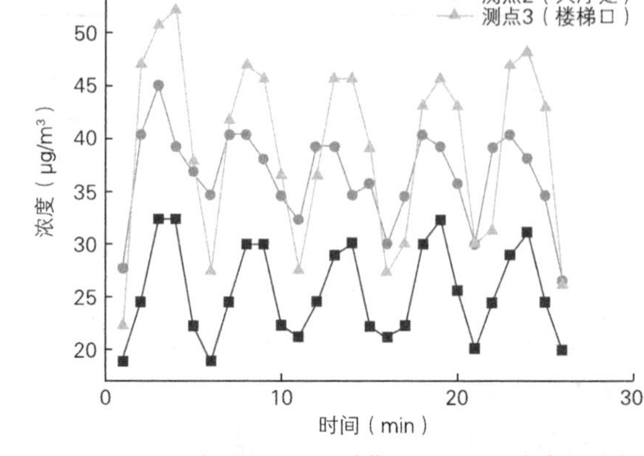

图3-55 2017年10月14日平峰期北工大西门站站厅测试

将这3组由不同测点处测得的数据分别求其平均值和标准偏差，则结果如表3-9所示。由表中得知测点3处的细颗粒物平均浓度高于测点2处的平均浓度，3个测点处的细颗粒物平均浓度从高到低依次为：测点3（楼梯口）>测点2（大厅处）>测点1（出入口）。此外，从标准偏差值可以看出该组数据的波动大小，由表中可以得知，测点1处的浓度值波动幅度略大于测点2处的浓度值波动，而测点3处的浓度值波动幅度最大。所以3个测点处的浓度值波动大小顺序为：测点3（楼梯口）>测点1（出入口）>测点2（大厅处）。

平峰时期北工大西门站站厅实测结果 表3-9

测点	1	2	3
平均值μg/m³	25.47	36.43	39.13
标准偏差μg/m³	4.50	4.42	8.75

在同样工况的不同日期，又对北工大西门站站厅进行同样内容的测试，测试当天室外大气中的细颗粒物PM2.5的浓度为11.5μg/m³，空气的质量为优。此次测得的北工大西门站站厅内的细颗粒物浓度的空间分布如图3-56所示。然后对获得的3组数据分别求得平均值和标准偏差，其结果如表3-10所示。

平峰时期北工大西门站站厅实测结果 表3-10

测点	1	2	3
平均值μg/m³	46.00	63.78	88.20
标准偏差μg/m³	6.08	5.12	7.15

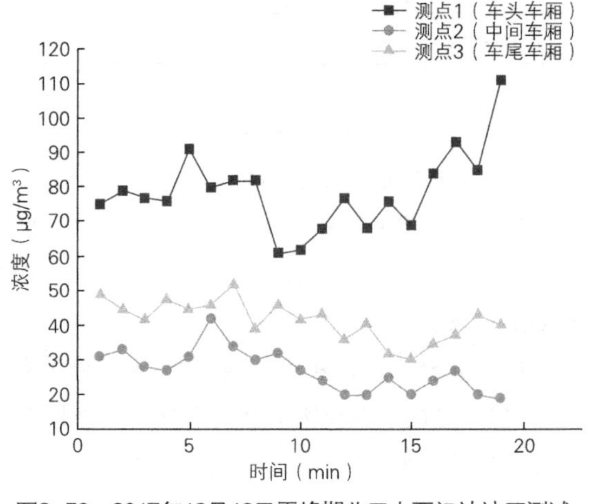

图3-56 2017年12月12日平峰期北工大西门站站厅测试

结合图3-56和表3-10可以得出，测点3（楼梯口）处的细颗粒物的平均浓度明显高于测点2（大厅处）的平均浓度，且两者都高于测点1（出入口）处的平均浓度，3个测点处的平均浓度大小顺序为：测点3（楼梯口）>测点2（大厅处）>测点1（出入口），而3个测点处的浓度值波动大小顺序为：测点3（楼梯口）>测点1（出入口）>测点2（大厅处）。这一结果与前面同工况同站点的测试结果相同，为客流平峰期间该站站厅内细颗粒物浓度的空间分布规律。

以上是客流平峰期的测试结果，在此室外空气质量为优的工况下还测试了客流高峰期的北工大西门站站厅内细颗粒物的分布状况，其测试数据如图3-57所示。测试当天室外大气中的细颗粒物PM2.5的浓度为10μg/m³。

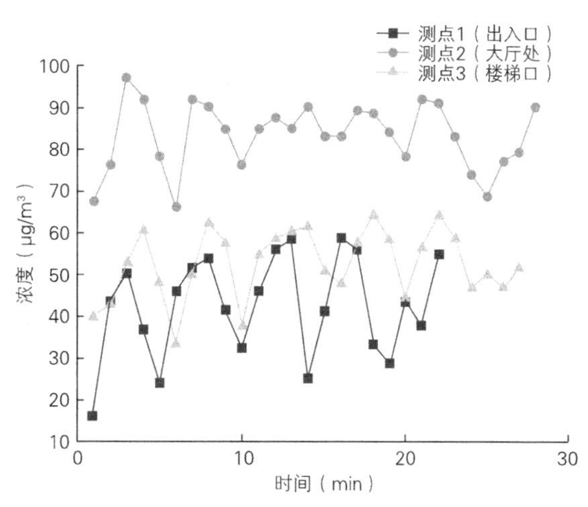

图3-57 2018年1月17日高峰期北工大西门站站厅测试

从图3-57中的晚高峰期的测试结果中可以看出，测点2（大厅处）的细颗粒物浓度水平明显高于测1（出入口）和测点3（楼梯口）处的细颗粒物浓度水平，而测点1和测点3处的细颗粒物浓度水平较为接近，测3处的浓度水平略大于测点1处的浓度水平。此外，3组浓度值曲线都出现了较为规律的波动，当列车进入该站时，站厅内3个位置处的细颗粒物浓度都呈上升趋势，列车离站后浓度呈下降趋势。从3组浓度值曲线可以得出，虽然测点1处的浓度值最小，但从其曲线波动的角度来看，测点1处的浓度值的波动大于其他两处的浓度值波动。

分别求得这3组数据的平均值和标准偏差，其结果如表3-11所示。北工大西门站站厅内位置处的细颗粒物平均浓度从高到低依次为：测点2（大厅处）>测点3（楼梯口）>测点1（出入口），从标准偏差值可以得出3个测点处的浓度值波动大小顺序为：测点1（出入口）>测点3（楼梯口）>测点2（大厅处）。从标准偏差值的角度来看，测点1的浓度值波动幅度远大于其他两位置处的波动幅度，大约是其他两处的2.6倍。从表3-11中得知，测试期间测点2与测点3处的浓度偏差值虽然相差不大，但从图3-57中可以看出测点2在大部分时间内的浓度值曲线较为平稳，波动幅度较小。

晚高峰时期北工大西门站站厅实测结果 表3-11

测点	1	2	3
平均值μg/m³	51.36	83.33	52.62
标准偏差μg/m³	21.67	8.12	8.34

除了对14号线上的北工大西门站站厅进行细颗粒物浓度测试外，还选取了另一条地铁线上的地铁站进行测试，即8号线上的什刹海站。测试期间室外的细颗粒物的平均浓度为22μg/m³，其测试所得关于该站站厅内细颗粒物浓度分布的数据如图3-58所示。

从图3-58中可以看出，晚高峰期间什刹海站站厅内，测点2（大厅处）的浓度水平明显高于其他两点处的浓度水平，而其他两点即测点1（出入口）和测点3（楼梯口）处的浓度值较为接近。从上图中并不能直接判断出3组浓度值曲线的波动大小，需进一步对数据进行处理，其处理结果如表3-12所示。

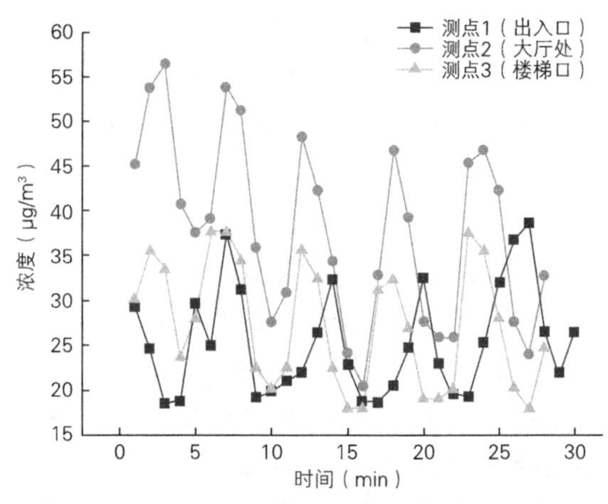

图3-58 2018年2月2日高峰期什刹海站站厅测试

相对于北工大西门站站厅内的浓度值曲线，什刹海站站厅内的浓度值曲线在同样的时间内波动的较为频繁，平均浓度最大值出现的时间间隔为3～4min，而晚高峰期间，该路线上的列车发车间隔为3min 49s。结合前几组的测试结果来看，列车的进站和离站过程会对站厅内的浓度产生影响，即列车进站时，站厅内各点的细颗粒物浓度都会不同程度的上升，列车离站后，各位置处的浓度又会有所下降。

从表3-12中的数据处理后的结果可以得知，客流晚高峰什刹海站厅内3个测点处的平均浓度大小依次为：测点2（大厅处）＞测点3（楼梯口）＞测点1（出入口）；3个测点处的浓度值波动大小依次为：测点1（出入口）＞测点3（楼梯口）＞测点2（大厅处），与北工大西门站站厅内所得出的结果也一致。

晚高峰时期什刹海站站厅实测结果 表3-12

测点	1	2	3
平均值μg/m³	32.87	52.56	33.53
标准偏差μg/m³	6.18	4.45	5.31

除了在空气质量为优的工况进行实测工作外，还选取了室外空气质量为轻度污染和中度污染，测试北工大西门站站厅各处的颗粒物浓度。测试室外大气中的细颗粒物PM2.5的浓度为82.5μg/m³时客流平峰时期的北工大西门站站厅。其站厅内的细颗粒物浓度的空间分布的测试所得数据如图3-59所示。

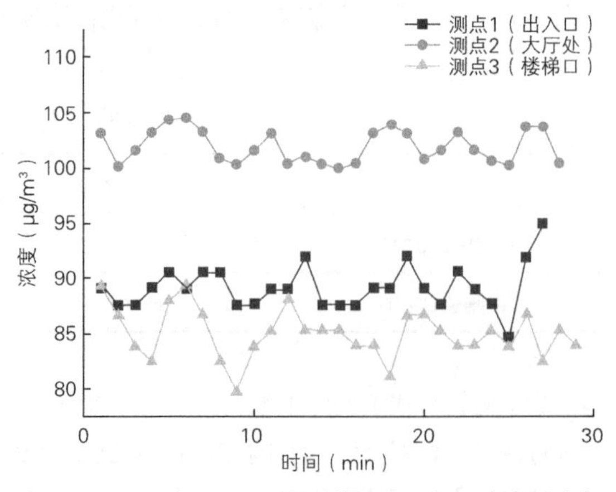

图3-59 2017年12月14日平峰期北工大西门站站厅测试

从图3-59中，可清晰地看出测点2（大厅处）的细颗粒物浓度水平明显高于测点1（出入口）和测点3（楼梯口）处的细颗粒物浓度水平，而测点1（出入口）处的细颗粒物浓度水平略大于测点3（楼梯口）处的浓度水平。3组浓度值曲线随时间都呈现出周期性波动，当列车进站时，站厅内3个位置处的细颗粒物浓度上升，当列车离站后，细颗粒物浓度下降，这一规律与前面工况1中的规律相同。从图中看出，测点2处的浓度值曲线较为平稳，而其他两处的浓度值曲线波动相对较大。

将3组浓度值分别求得平均值和标准偏差，其结果如表3-13所示，从表中可以看出3个测点处的细颗粒物浓度从高到低依次为：测点2（大厅处）>测点1（出入口）>测点3（楼梯口）；而3个测点处的浓度值波动大小顺序为：测点3（楼梯口）>测点1（出入口）>测点2（大厅处），测点3处的浓度值波动大小与测点1处的浓度值波动大小非常接近。

平峰时期北工大西门站站厅实测结果　　表3-13

测点	1	2	3
平均值μg/m³	89.18	101.91	84.97
标准偏差μg/m³	2.02	1.50	2.25

客流高峰期对北工大西门站站厅相应各位置进行测试所得的数据如图3-60所示。测试当天室外的细颗粒物浓度为161μg/m³，空气质量为中度污染。

从图中可以看出测点2（大厅处）的细颗粒物浓度水平最高，明显高于其他两位置处的浓度水平，其次是测点1（进出口）处的浓度水平，而测点3（楼梯口）处的浓度水平最低。3个位置处的浓度值曲线随时间都呈现出周期性波动，从图中看出，测点1处的浓度值波动较大，而测点2处的浓度较稳定，曲线波动较小。

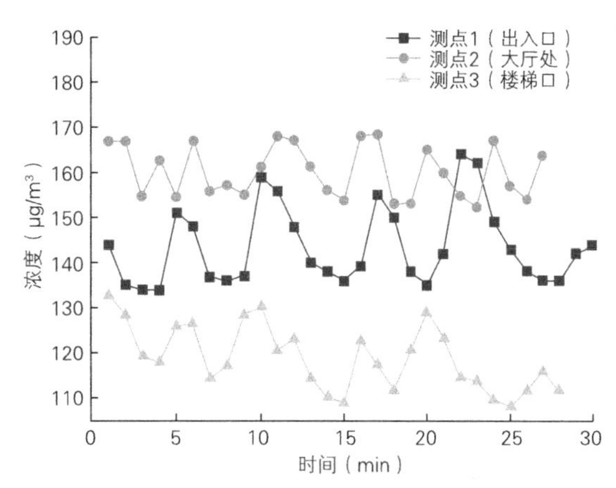

图3-60　2018年2月26日晚高峰期北工大西门站站厅测试

晚高峰时期北工大西门站站厅实测结果　　表3-14

测点	1	2	3
平均值μg/m³	144.17	160.20	117.19
标准偏差μg/m³	9.05	5.13	6.75

从表3-14中观察测试期间3位置处细颗粒物浓度的平均值和标准偏差，可以得出北工大西门站站厅在工况2下的客流高峰期的空间分布状况，平均浓度由高到低依次为：测点2（大厅处）>测点1（出入口）>测点3（楼梯口）；波动幅度大小为：测点1（出入口）>测点3（楼梯口）>测点2（大厅处）。

3.5 本章小结

本章作为实测的第一章，针对非换乘站的站台、站厅、车厢以及工作区进行数据的实际测量。第3.1节从车辆类型、车站构造、车站系统以及各个地区地铁的地域特色进行分类别概述。3.2节选取本章实际测试车站进行介绍。第3.3节是实际数据采集前的准备工作，对采集数据的采集方式、实验方案进行讲解。第3.4节将车站分为站台、站厅、车厢及工作区4个区域，对区域内的6项实测结果进行展示。

参考文献

[1] 常莉. 地铁环控系统区域适用与节能性研究[D]. 四川：西南交通大学，2009.

[2] 常利. 地铁站内细颗粒物空间分布规律的实测研究[D]. 河北工程大学，2018.

[3] 王新如. 地铁车站细颗粒物分布规律及运动特性研究[D]. 北京：北京工业大学，2017.

[4] 王姣姣. 寒冷地区某地铁屏蔽门系统站台颗粒物浓度分布实测研究与模拟分析[D]. 陕西：长安大学，2017.

[5] 两条地铁线今日试运营. 北京日报. 2015-12-26.

[6] 14号线-（北工大西门站）. 北京京港地铁有限公司. 2016-01-02.

[7] 地铁14号线13标北工大站整体通过单位工程验收. 北京市住房和城乡建设委员会. 2015-11-25.

[8] 8号线. 北京地铁官方网站. 2013-12-27.

[9] 1号线八角游乐园站. 北京地铁官方网站. 2013-08-19.

[10] 北京地铁苹果园站将暂别三年. 三条线路将在此汇合. 中国网. 2017-08-08.

[11] 东大桥站. 北京地铁官方网站. 2015-01-22.

[12] 站间公里数. 北京地铁官方网站. 2015-04-30.

[13] 北京地铁奥运支线和奥体中心区今起向公众开放. 腾讯网. 2008-10-09.

[14] 站间公里数. 北京地铁官方网站. 2015-02-10.

[15]《北京市亦庄轻轨工程线路规划方案》获批复. 北京市规划委员会. 2004-04-26.

第4章 双线换乘站细颗粒物污染研究

双线换乘站是换乘站较为普遍的一种形式，在非一线城市的地铁建设中，也是较为常见的换乘站形式，因此双线换乘站内的颗粒物浓度分布规律也具有较高的研究价值。本章根据换乘线路的交叉方式，对双换乘站进行分类介绍。本章选取北京地铁的双换乘站进行实测数据采集与展示。

4.1 双线换乘站分类

根据地铁线网规划，地铁线路走向大致分为2类，即线路平行、线路呈现一定的角度相交叉（分别如图4–1和图4–2所示）。根据各线路走向的不同，地铁站亦具有不同站位以及不同的换乘形式。

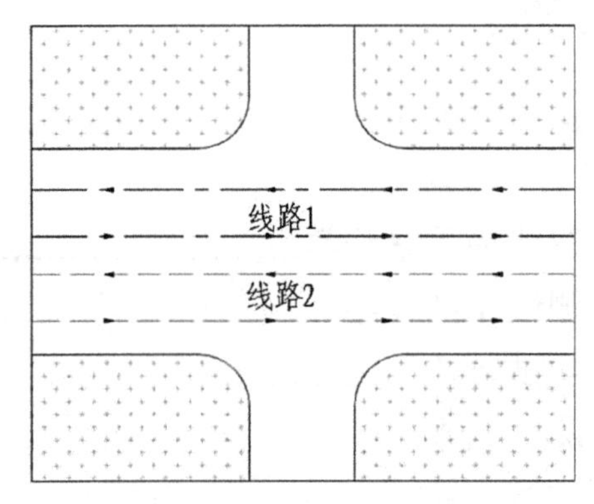

图4–1 平行线路示意图

图4–2 相交线路示意图

4.1.1 平行线路

当线路在车站位置接近平行时（如图4–1所示），通常有4种换乘形式，即“岛–岛”共用厅换乘，“一岛两侧”共用厅及台换乘，“岛–岛”通道换乘，“侧式重叠台–台”通道换乘。

（1）“岛–岛”共用厅换乘

在地面为较开阔的路面，远期地铁站线路及站位较为稳定，近远期车站接近平行设置“岛–岛”共用厅换乘。换乘线路为：线路1，站台换乘客流–站厅–线路；线路2，站台换乘。这种换乘方式预留土建工程量小，换乘距离短，对既有线路运行影响较小。预留工程仅在站厅层侧墙预留多处环框梁。如图4–3为“岛–岛”共用厅换乘平面图，图4–4为“岛–岛”共用厅换乘剖面图。

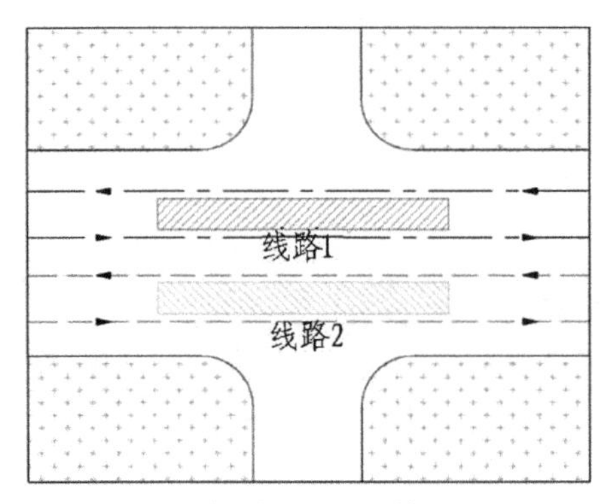

图4–3 “岛–岛”共用厅换乘平面图

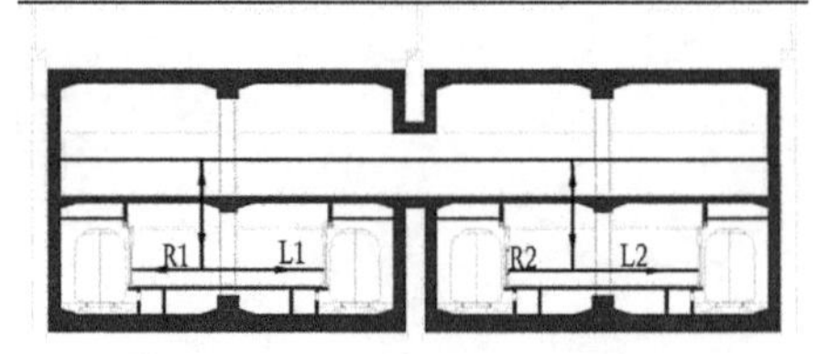

图4–4 “岛–岛”共用厅换乘剖面图

（2）“一岛两侧”共用厅及台换乘

在地面为较开阔的路面，远期地铁站线路及站位稳定，近远期车站接近平行设置“一岛两侧”共用厅及台换乘，换乘流线为L1与R2同站台换乘，其余换乘方向需由站台-站厅-站台。这种换乘方式可实现大客流短距离换乘，对既有线路运行影响大，预留土建工程量较大，对远期线路及站位要求严格。预留工程则是在站厅及站台层侧墙预留多处环框梁，保证站台及站厅的通透性。如图4-5为“一岛两侧”共用厅及台换乘平面图，图4-6为“一岛两侧”共用厅及台换乘剖面图。

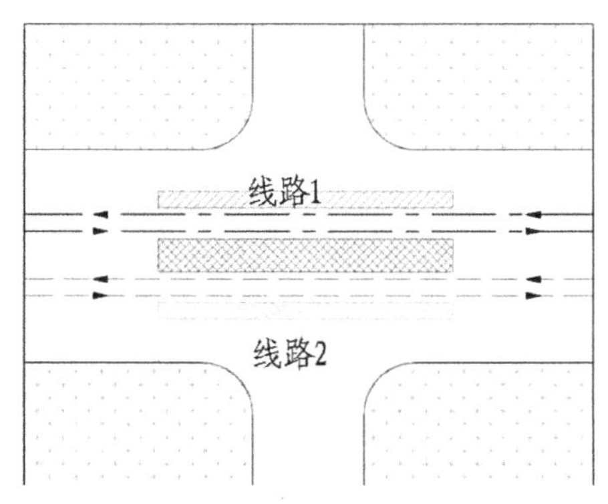

图4-5 “一岛两侧”共用厅及台换乘平面图

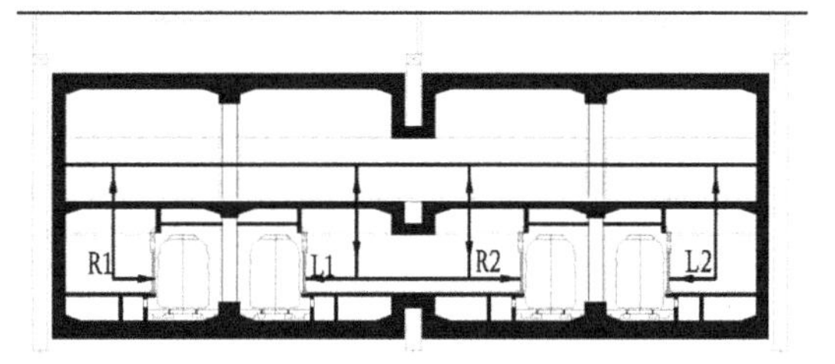

图4-6 “一岛两侧”共用厅及台换乘剖面图

（3）“岛-岛”通道换乘

换乘在地面为较开阔的路面，路面交通繁忙，道路中部管线众多，线路敷设于两侧，设置“岛-岛”通道换乘，换乘流线为站台-换乘通道-站台。这种换乘方式远期线路及车站站位布置灵活，预留土建工程量小，对既有线路运行影响较小，但换乘受通道的影响换乘功能较弱。预留工程则是换乘通道处侧墙预留环框梁，先期站应做好封堵，附属建筑对远期站位做好预留。如图4-7为“岛-岛”通道换乘平面图，图4-8为“岛-岛”通道换乘剖面图。

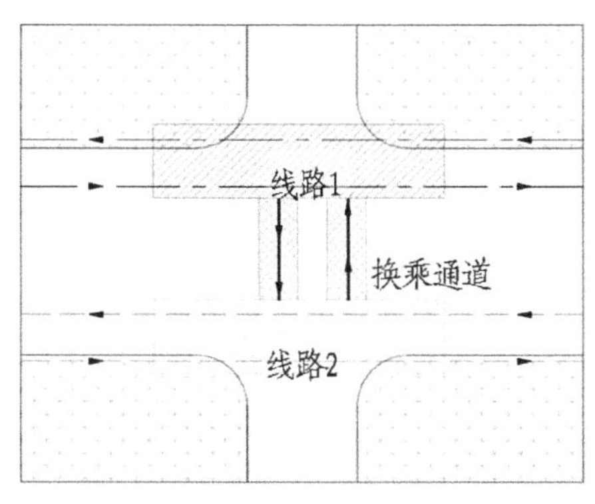

图4-7 “岛-岛”通道换乘平面图

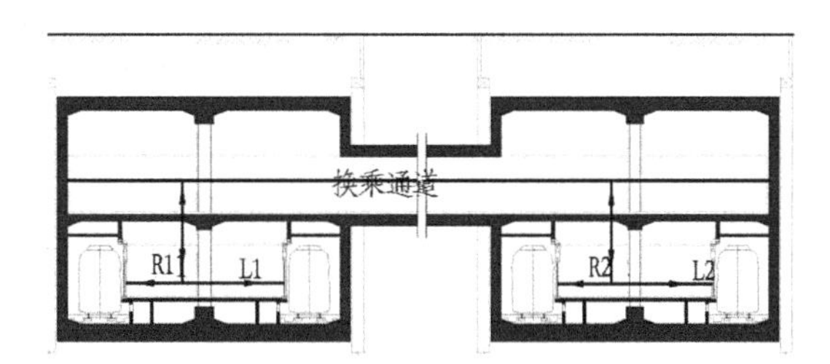

图4-8 “岛-岛”通道换乘剖面图

（4）“侧式重叠台-台”通道换乘

换乘在地面较窄的路面，路面交通繁忙，道路中部管线众多，线路敷设于两侧，设置“侧式重叠台-台”通道换乘。换乘流线为R1与R2以及L1与L2的换乘均可由换乘通道直接实现台-台的换乘，而R1与L1以及R2与L2之间的换乘由各自站台层通过通道换乘。这种换乘方式远期线路及车站站位布置灵活，预留土建工程量小，对既有线路运行影响较小，大换乘客流可实现同台换乘，换乘受通道受外界条件影响，换乘距离较长。预留工程则是换乘通道处侧墙预留环框梁，先期站应做好封堵，附属建筑对远期站位做好预留。如图4-9为“侧式重叠台-台”通道换乘平面图，图4-10为“侧式重叠台-台”通道换乘剖面图。

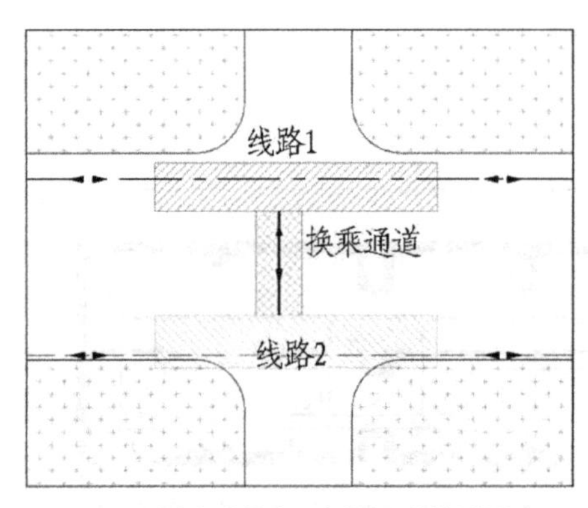

图4-9 “侧式重叠台-台”通道换乘平面图

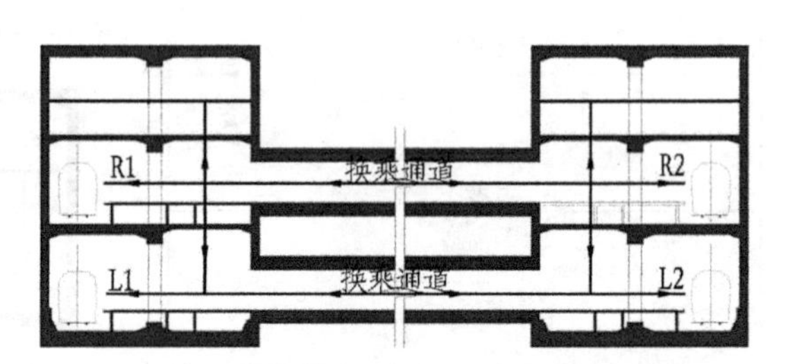

图4-10 “侧式重叠台-台”通道换乘剖面图

4.1.2 “十”字相交线路

当地铁线路在车站位置成“十”字相交时，如图4-11“十”字交叉共用厅平面图所示，会形成“岛-岛”十字换乘和“岛-侧”换乘两种换乘方式。

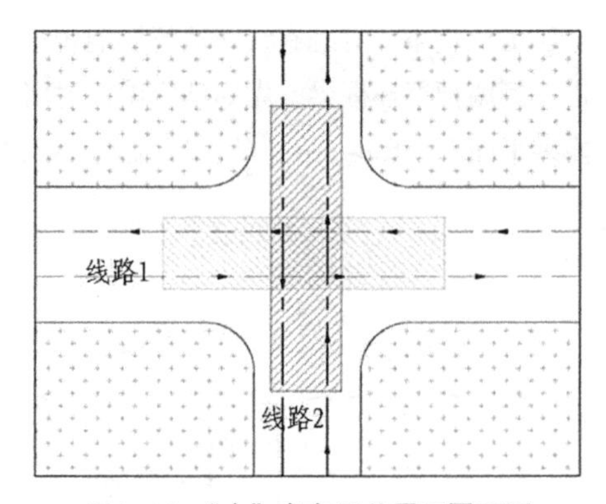

图4-11 “十”字交叉共用厅平面图

（1）“岛-岛”十字换乘

“岛-岛”十字换乘站，在十字交叉主干路，车站线路站位稳定时选用。大客流换乘采用台-厅-台的换乘，小客流换乘采用台-台的换乘，减少对站台的冲击。车站远期共用换乘厅，换乘功能好，但先期预留土建工程量较大，对既有线路运行有一定的影响。在站厅层近远期车站相接处侧墙预留环框梁，同时为满足单向换乘需求，近期站在设计时应在站台层结构底板处预留设置楼梯的孔洞，以实现台-台换乘，并对先期预留工程做好封堵，避免影响先期工程的正常运营；出入口宽度应适当加宽，并应预留好接口，便于远期站结合设置。

（2）“岛-侧”十字换乘

“岛-侧”十字换乘一般是用在十字交叉主干路，车站线路站位稳定的情况下，由于其土建预留较大，同时对远期线路限制较多，不适宜远期换乘，宜同期实施。十字交叉4个象限设置换乘通道，进行通道换乘。此换乘方式先期预留土建工程量大，对既有线路运行影响大，换乘通道内坡度较大，使用功能较弱。先期线路在站厅层需预留，远期线路侧站台空间，并对先期预留工程做好封堵，避免影响先期工程的正常运营。出入口宽度应适当加宽，并应预留好接口，便于远期站结合设置。

4.1.3 “T”字相交线路

当地铁线路在车站位置成“T”字相交时，T字交叉主干路，交叉路口另一侧受控因素较多，根据车站线路站位稳定情况采用“T”型交叉共用厅（如图4-12“T”型交叉共用厅平面）或“T”型通道换乘形式（如图4-13“T”型通道换乘平面）两种换乘方式。

（1）“T”型交叉共用厅换乘

“T”型交叉共用厅换乘方式一般的换乘线路有两种：台-厅-台或者台-台。此种换乘方式对已运营线路影响较大，要求远期地铁线路线位走向及站位稳定。车站端头公用厅两侧预留环框梁，或预留3层换乘结点，共用厅、中部共用站台换乘功能较好。

（2）“T”型通道换乘

“T”型通道换乘方式有两种：台-厅-通道-厅-台或台-通道-台。此种换乘方式对已运营线路影响较小，远期地铁线路线位、线走向及站位灵活。站厅层侧墙换乘通道处预留环框梁，并预留区间下穿条件。此种换乘方式采用通道换乘，换乘功能稍弱。

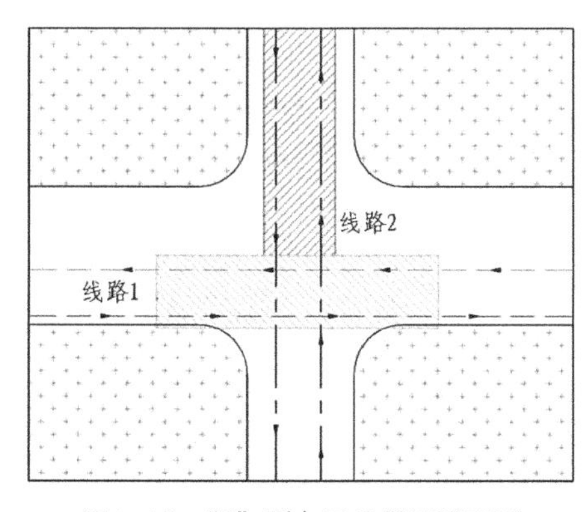

图4-12 “T”型交叉共用厅平面图

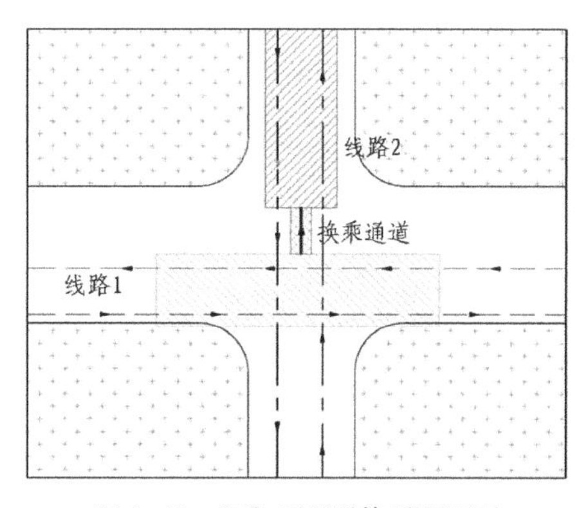

图4-13 “T”型通道换乘平面图

4.1.4 “L”字相交线路

当地铁线路在车站位置成“L”字相交时，与“T”换乘形式特点相似，不同之处在于，“L”型换乘客流均集中于一端，对一端楼扶梯冲击较大，宜将车站楼扶梯布置为“一顺”布置。根据车站线路站位稳定情况采用“L”型交叉共用厅（如图4-14“L”型交叉共用厅平面）或“L”型通道换乘形式（如图4-15“L”型通道换乘平面）。

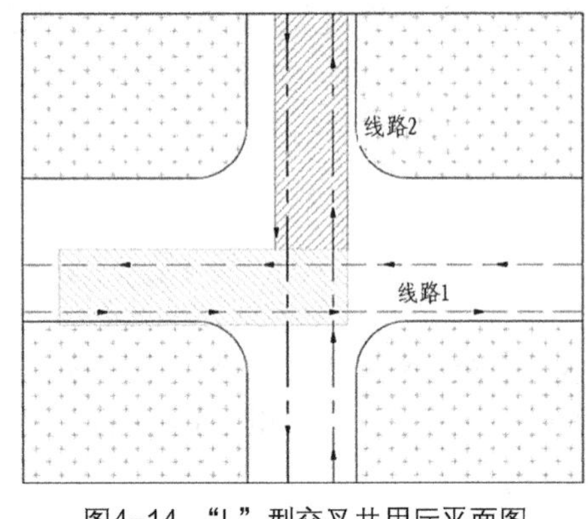

图4-14 “L”型交叉共用厅平面图

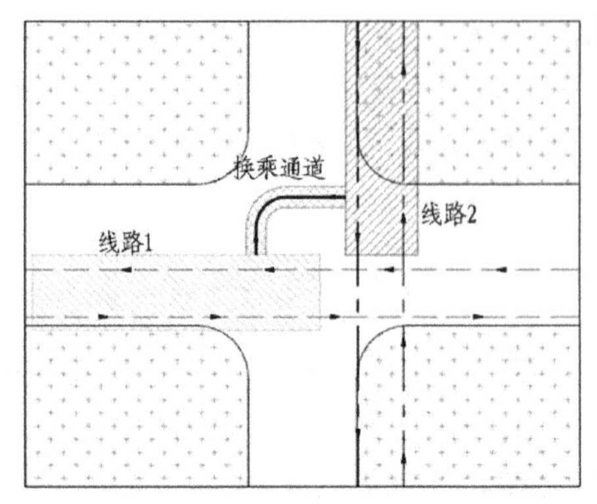

图4-15 “L”型通道换乘平面图

（1）“L”型交叉共用厅换乘

“L”型交叉共用厅换乘方式一般的换乘线路有两种：台-厅-台或者台-台。此种换乘方式对已运营线路影响较大，要求远期地铁线路线位走向及站位稳定。车站端头公用厅两侧预留环框梁，底板预留换乘楼梯孔洞，或预留换乘结点，换乘集中于车站一端，使用功能较弱

（2）“L”型通道换乘

“L”型通道换乘方式一般有两种：台-厅-通道-厅-台，或台-通道-台。此种换乘方式对已运营线路影响较小，远期地铁线路线位线走向及站位灵活。站厅层侧墙换乘通道处预留环框梁，并预留区间下穿条件，通道换乘，换乘功能稍弱。

4.2 测试车站介绍

4.2.1 十里河站

十里河站位于东三环南路和左安路–大羊坊路相交的十里河桥，北京市朝阳区十里河桥下方。作为北京地铁10号线与14号线的换乘站，十里河站在两条地铁线路上分别开通，10号线部分于2012年12月30日开通运营，14号线部分于2015年12月26日开通运营。两站的站台均采用岛式站台设计，两条线路上的站厅均采用整体式站厅。并且均采用全高安全门对站台与车厢进行隔离。两站均为地下车站，站间采用通道换乘方式。如图4-16为十里河站站内立体图。

4.2.2 大望路站

大望路站是北京地铁1号线和北京地铁14号线的一座换乘车站，位于北京市朝阳区大望桥下方，北京市朝阳区建国路–京通快速路与西大望路交会处，1号线车站位于交叉口西侧，呈东西向布置。

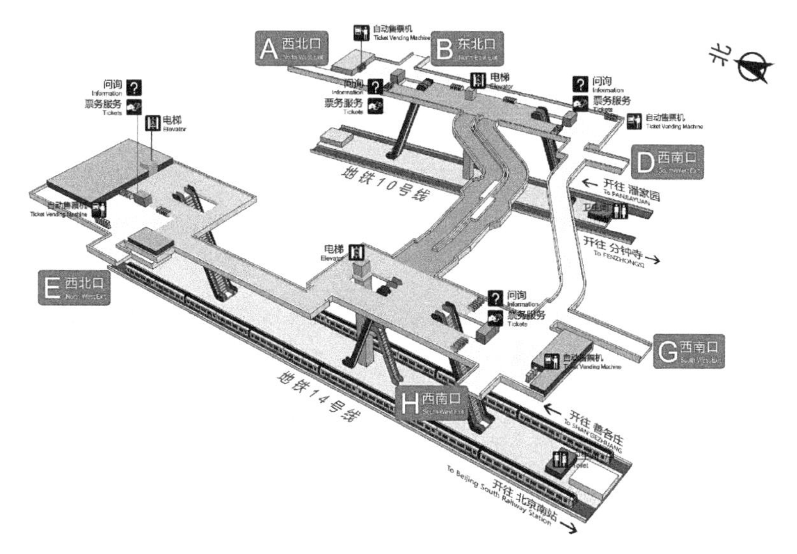

图4-16 十里河站站内立体图

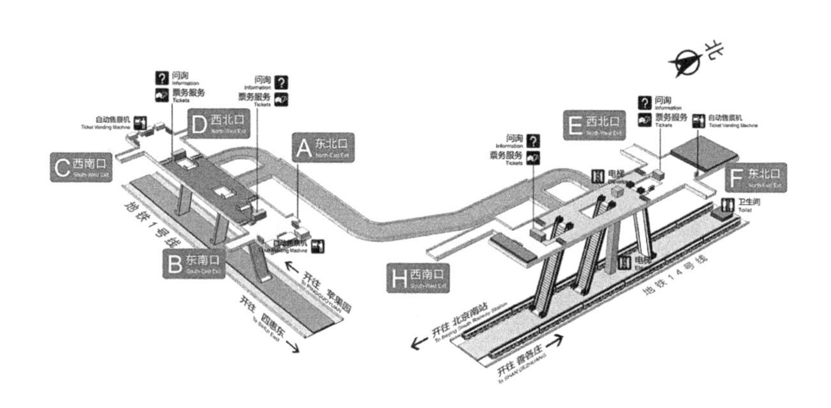

图4-17 大望路站站内立体图

14号线车站呈南北向布置。1号线车站于1999年9月28日投入使用，14号线车站于2015年12月26日投入使用。不论1号线还是14号线上的大望路站均为地下车站，采用整体式站厅，岛式站台设计。两线站厅通过通道相连，乘客通过通道进行换乘。图4-17为大望路站站内立体图。

4.2.3 国贸站

国贸站是北京地铁1号线与北京地铁10号线的一座换乘车站，该站位于北京市朝阳区东三环中路与建国门外大街–建国路交叉口，国贸桥地下。1号线车站位于交叉口西侧，呈东西向布置。10号线车站跨越交叉口，呈南北向布置。此处是北京商务中心区的核心地段，中国国际贸易中心位于其西北侧。车站也因此得名。该车站在复八线规划中被称为大北窑站，1999年开通时更名为国贸站。1号线

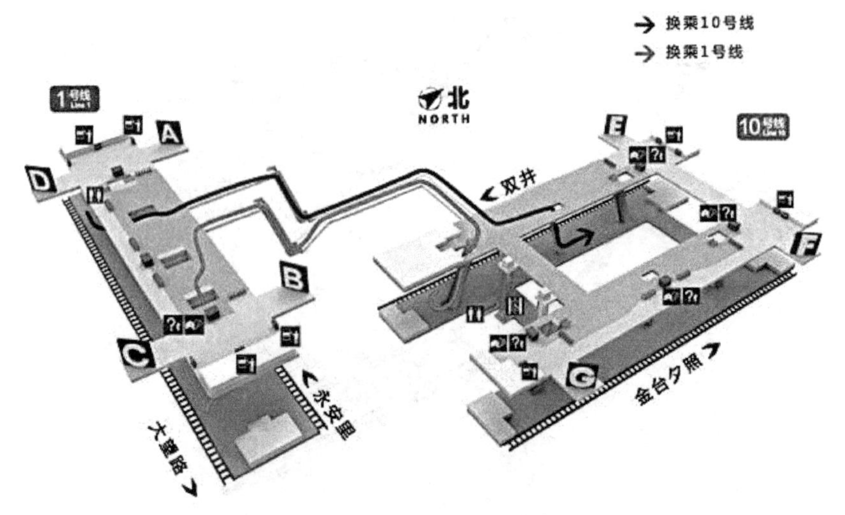

图4-18 国贸站站内立体图

车站为地下式的车站，整体式站厅、岛式站台设计，站台使用半高安全门。10号线车站为地下的车站，整体式站厅、分离式岛式站台设计，站台使用全高安全门，采用暗挖的做法施工。国贸站可以在1号线和10号线之间经由换乘通道换乘。位于1号线上的国贸站于1999年9月28日开通启用，位于10号线上的车站于2008年7月19日随10号线一期开通启用。图4–18为国贸路站站内立体图。

4.2.4 南锣鼓巷站

南锣鼓巷站是北京地铁6号线和8号线的一座双换乘站，位于天安门东大街和南锣鼓巷的交会处。地处地安门东大街与北河沿大街路口的西侧。两线车站均为东西走向，沿地安门东大街南北两侧，6号线地铁站偏南，8号线地铁站偏北，呈平行状布置，因此，两条线路在南锣鼓巷站呈平行状态。南锣鼓巷站址受西端地安门东大街南侧的基督教宽街教堂和北侧的东不压桥遗址制约，地下空间有限无法满足四线并行要求，故两线双向轨道、站台上下叠摞，左右线隧道在南锣鼓巷站呈叠摞状，出站后左右线隧道逐渐分离，最终等高并行，站台亦采用侧式叠式站台。为了避免施工对地安门东大街的影响，8号线车站位于道路北侧，6号线车站位于道路南侧，站位稍微相互错开布置。

6号线为地下3层车站，总长210m，轨道线路偏向东南方向，车站平面呈楔形，东端宽度近50m，西端宽度12m，6号线车站地下一层为站厅层，地下二、三层为“叠摞”布局的站台层，6号线往五路居的线路位于地下二层，往草房方向的线路位于地下三层。8号线车站建设为地下4层车站，8号线车站地下一层为风道和设备间，地下二至四层与6号线车站地下一至三层高度相同，功能也一致，8号线往朱辛庄的线路位于地下三层，往中国美术馆的线路位于地下四层。两线站厅层中部的两处扶梯直接连接到下层站台层，站厅层东、西两侧扶梯连接上层站台层，两层站台之间也有楼梯连通。两线之间上下层同向站台均以两条长约百米的通道在6号线站台东端和8号线站台西端相连，实现近似跨站台换乘。乘客从6号线下行开往海淀五路居站方向站台层可直接换乘到8号线上行开往朱辛庄站方向站台

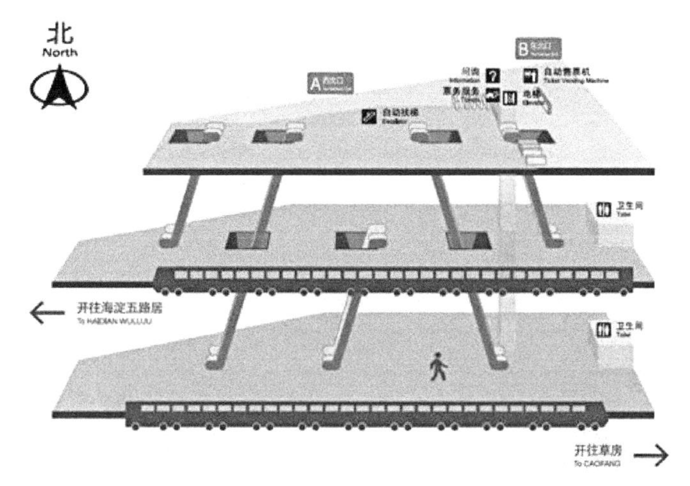

图4-19 南锣鼓巷站6号线站内立体图

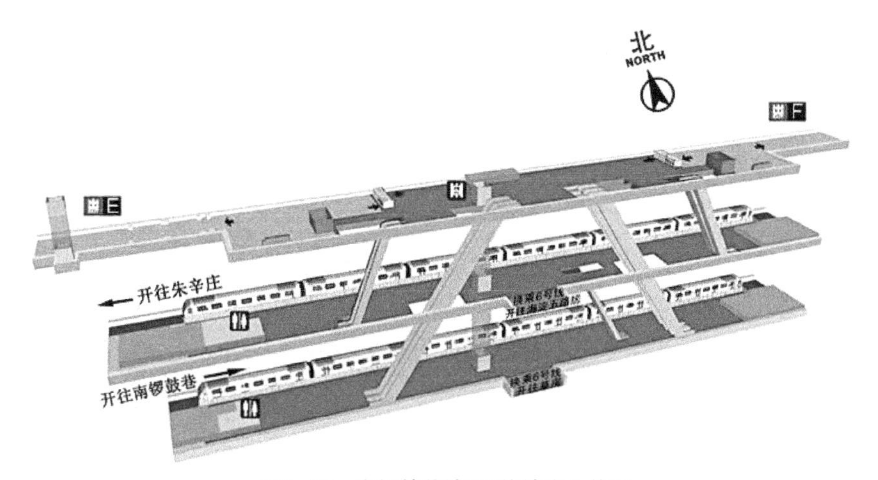

图4-20 南锣鼓巷站8号线站内立体图

层，6号线上行开往草房站方向站台层可直接换乘到8号线下行开往中国美术馆车站方向站台层，每层两条换乘通道采取单向换乘，乘客若到反向站台层可以通过站台层之间互通的方式到达。6号线的南锣鼓巷站站台采用全高安全门，而8号线的南锣鼓巷站站台采用屏蔽门设计。南锣鼓巷站车站共设有6个出入口。图4-19为南锣鼓巷站6号线站内立体图，图4-20为南锣鼓巷站8号线站内立体图。

4.2.5 鼓楼大街站

鼓楼大街站是北京地铁系统中的一座双换乘地铁站，北京地铁2号线和北京地铁8号线会聚于此。地铁站位于北京市西城区与东城区交界处，德胜门东大街-安定门西大街和旧鼓楼大街-旧鼓楼外大街的交叉路口，2号线鼓楼大街站与8号线鼓楼大街站呈“T”形设置。2号线地铁站于1984年9月20日北京地铁二期工程开通时启用，8号线地铁站于2012年12月30日8号线二期南段一段开通时启用。

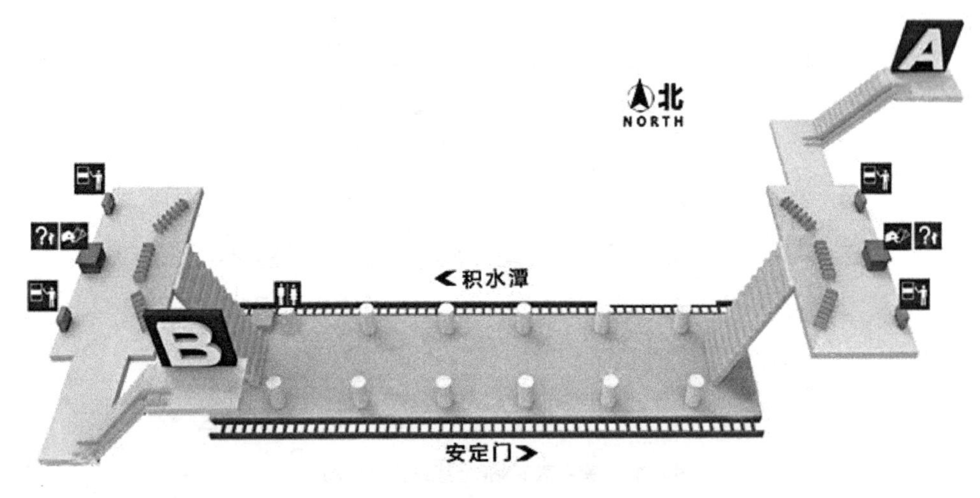

图4-21 鼓楼大街站2号线站内立体图

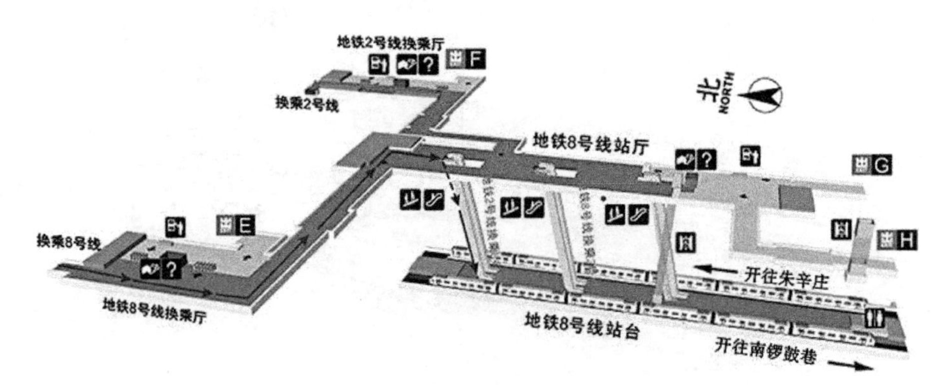

图4-22 鼓楼大街站8号线站内立体图

两线车站均为地下站。2号线车站为北京地铁二期工程车站，为地下二层岛式站台车站。8号线车站为地下3层岛式站台车站，采用明挖顺筑法施工，盾构隧洞下穿既有的2号线鼓楼大街站是北京地铁施工首次尝试以盾构方式下穿既有车站，车站总长164.4m，埋深28m，隧洞洞顶与既有2号线车站的底板相距2.5m。

鼓楼大街站采用地下换乘厅的形式换乘，8号线车站东北、西北两侧位于地下一层各有一个换乘大厅，实现换乘以及进、出站功能，乘客从8号线站厅经换乘通道到达与2号线站厅平行的换乘大厅，换乘距离不超过150m。

鼓楼大街站的2号线站台采用岛式站台，半高安全门隔离站台与运行隧道，如图4-21所示为鼓楼大街站2号线站台站内立体图；鼓楼大街站的8号线站台仍采用岛式站台，采用屏蔽门隔离站台与运行隧道，如图4-22所示为鼓楼大街站8号线站台站内立体图。鼓楼大街站采用整体式站厅设计。

4.2.6 奥林匹克公园站

奥林匹克公园站是地铁8号线和15号线的一座双换乘地铁站，8号线车站位于大屯路南侧奥林匹克公园中轴广场地下，南北向布设。15号线车站在8号线下方，位于大屯路城市隧道下方，预留公交节点西侧，沿大屯路东西向布设。两线呈“L”形相交，通过通道换乘。8号线车站于2008年7月19日北京地铁8号线一期开通时投入使用。2014年12月28日，15号线奥林匹克公园站开通。

8号线该站是一座地下两层的车站，岛式站台设计，站台宽度为16m，车站长度330m，宽25m。车站包含两部分，南半部分为地铁8号线停靠站台，如图4-23所示奥林匹克公园站8号线站台站内立体图。乘客将可由地铁站台直接由通道到达公交站台换乘公交车。15号线该车站是地下两层三跨结构，岛式站台设计，位于大屯路隧道下方的车站主体为暗挖法施工，车站总长205.5m，标准段宽度为23.3m。奥林匹克公园站采用整体式站厅，两站台间采用“T”型换乘，乘客经过约100m的换乘通道即可换乘。如图4-23为奥林匹克公园站站内立体图。

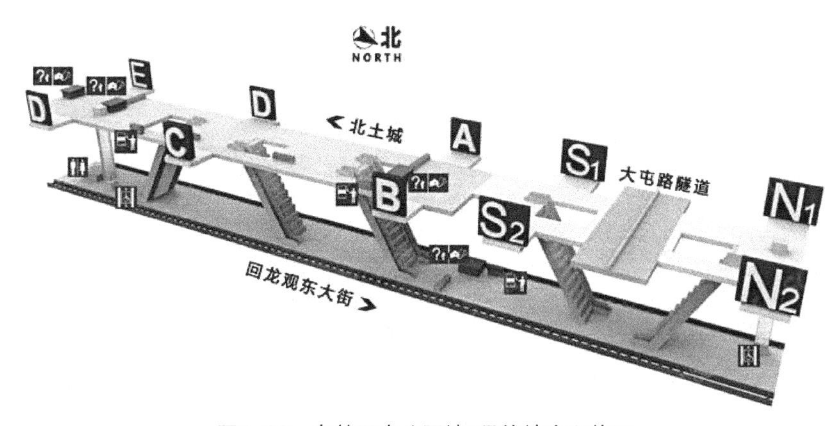

图4-23　奥林匹克公园站8号线站内立体图

4.2.7 北土城站

北土城站是北京地铁8号线与10号线的换乘车站。该站位于北土城西路—北土城东路和北辰路的交叉口下方。10号线车站呈东西向，8号线车站呈南北向，两线车站呈“T”字形交叉。该站于2008年7月19日开通。

北土城站是地下3层车站。车站总长148.3m，宽35.3m，总建筑面积28870m^2。地下二层为10号线的岛式站台，地下三层为8号线的岛式站台。两层站台在两站台相交点处设置了换乘楼梯，实现10号线到8号线的垂直换乘。8号线到10号线的换乘可以到地下一层的共用站厅，进而再到地下二层的10号线站台。北土城站采用整体式站厅，10号线与8号线共用一个站厅，共设有6个出入口。如图4-24所示北土城站站台站内立体图。

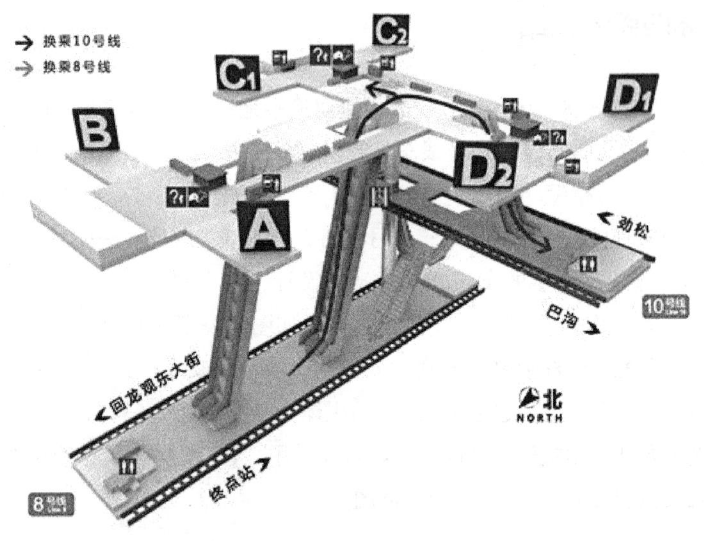

图4-24 北土城站站内立体图

4.3 测试方法

4.3.1 测试采用的仪器

TSI8530仪器（如图4-25所示）、TSI8532仪器（如图4-26所示）是专门用于测量空气中PM2.5的监测仪器。他采用光散射方法检测PM2.5的浓度，能够实现实时监测，具有体积小，重量轻，操作简单，噪声低，稳定性好，可直读，以及可存储、输出电信号，价格便宜，耗材小，维护成本低等优势。

CW-HAT200S手持式PM2.5速测仪是专用于测量空气中PM2.5（可入肺颗粒物）及PM10（可吸入颗粒物）数值的专用检测仪器，是由深圳市赛纳威环境科技有限公司在吸收国外先进的高灵敏度微型激光传感器技术基础上自主开发出的集空气动力学、数字信号处理、光机电一体化的高科技产品。该仪器具有测试精度高、性能稳定、多功能性强、操作简单方便的特点，自带的外置高精度数字式温湿度传感器可显示被测环境条件，并用于补偿提高测试精度。测试的数据可通过USB下载到电脑便于进行数据处理。该手持式测试仪器可广泛适用于公共场所环境及大气环境的测定，以及空气净化器净化效率的评价分析。如图4-27所示。

图4-25 TSI8530粉尘测试仪

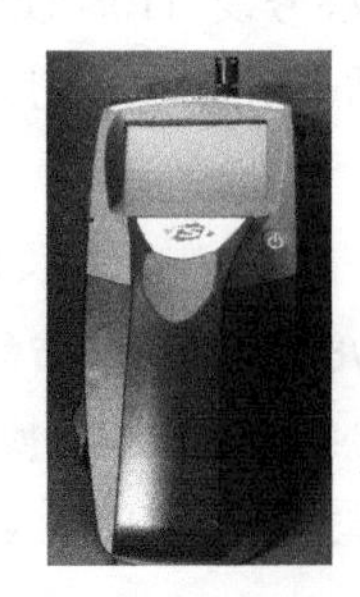

图4-26 TSI8532粉尘测试仪

图4-27 手持式CW-HAT200S测试仪

4.3.2 测试主要方法与内容

本项目的主要研究方向为地铁空气品质，因此需要测试的内容主要包括两方面：地铁站内的颗粒物浓度以及地铁站内的环境参数。测试项目包括PM2.5、PM10、温度、湿度；测试地点包括站台、站厅、室外、车厢、两站之间的连通走廊。

4.3.3 测试选取点

双换乘站测点首先选取的是14号线与10号线换乘站十里河站、14号线与1号线换乘站大望路站、1号线与10号线换乘站国贸站，此三个双换乘站的深度相差不大，基本属于平行换乘。由于十里河站、大望路站、国贸站均处在两条线路上，且两条线路的站台、站厅构造都相似，均为整体式站厅，岛式站台，所以实测取样点的布置方法也相似。如图4–28十里河站的站台站厅测点布置图，大望路站、国贸站的测点布置与图4–28相似。

分析双换乘站站台、站厅细颗粒物的分布规律，对10号线以及14号线的十里河站PM2.5，PM10的浓度进行实测。在进行双换乘站不同车站间对比分析时，对1号线上的大望路站、国贸站，10号线上的国贸站、十里河站，14号线上的大望路站、十里河站的站台进行实测；并对每个车站在两条线路上的换乘走廊以及各站的车厢进行了实测工作。

在进行地下车厢浓度对比时，选取鼓楼大街站、北土城站和奥林匹克公园站作为地下实测选点，实时连续的进行数据采集。记录列车在隧道内行驶、刹车减速、开门、加速行驶的时间段内的数据，对各时间段内的数据取均值后，进行统计分析。

为了研究站台、站厅、车厢与室外颗粒物浓度的变化规律，选取换乘站南锣鼓巷站、鼓楼大街站、北土城站、奥林匹克公园站，对站台、站厅、车厢以及室外车厢同时进行实测，并对所测值取均值后进行统计分析。

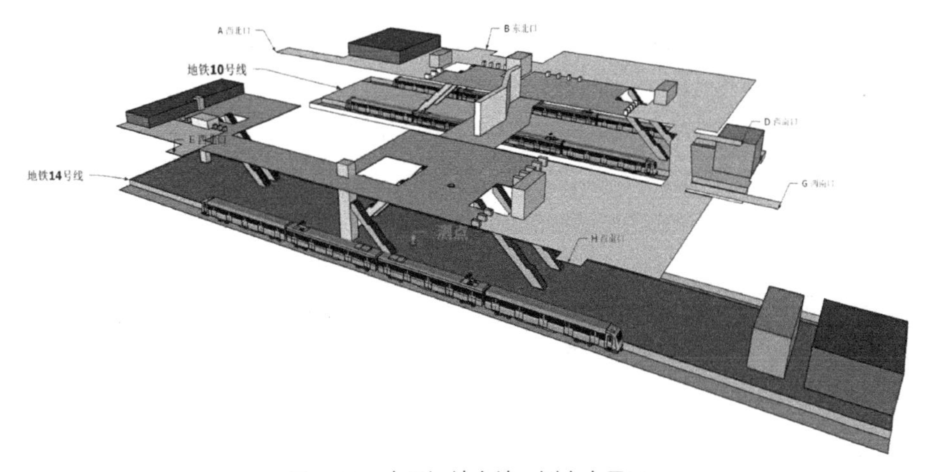

图4–28 十里河站台站厅测点布置图

针对列车进出站台时产生的颗粒物浓度分布的变化，选取分别位于6号线与8号线的南锣鼓巷站的站台进行数据实测研究站台测点。针对两站的站台，研究列车驶入驶出站台这一段时间，站台颗粒物浓度变化规律。由于列车驶入驶出站台的时间很短暂，因此将仪器调为1秒一计数，并将驶入驶出的这段时间划分为驶入、开门、关门、驶出四个时间段进行统计比较。研究每一小段时间内，站台颗粒物的变化规律。

4.3.4 测试时间段

为不影响车站的正常运行，测试时间为平峰时间段，测试为不间断连续测试，测试列车运行平峰期。室外环境优、良、轻度污染、中度污染、重度污染以及严重污染等不同的工况下对地铁车站进行测试。对于双换乘站站台站厅的测试选取十里河站于2016年10月9日至10月11日，同年10月19日进行实测。对于双换乘站间的对比实测测试时间段均为下午非高峰时段，13：30～16：00，测试时间集中在2016年3月21日至3月26日。

在地下车厢浓度实测数据的采集时，采集仪器调为1秒一计数，测试时长约为30min。地下车站测试日期为2016年12月27日，空气质量为优时，12月31日，空气质量为严重污染时。

在进行站台、站厅、车厢以及室外颗粒物浓度变化的研究时，测试时间在2017年3月份，主要选取13：00～15：00的平峰时期进行测量。当研究站台、站厅、车厢时，每站测试时长为10min。

4.4 测试结果

4.4.1 站台

站台双换乘站的研究选取十里河站站台进行研究。如图4-29所示是在室外条件连续三天保持优的工况下，在10月9日16：00～17：00在14号线十里河站台进行的测试，列车频率为4min/次，测试时室外环境温度T=21℃，相对湿度ϕ=27%，PM2.5为17μg/m^3，PM10的值为36μg/m^3，站台环境温度T=24℃，相对湿度ϕ=30%，经计算14号线十里河站的PM2.5平均值为40μg/m^3，PM10的值为82μg/m^3，均高于同时刻的室外环境，且PM2.5随着列车进出站呈现周期性波动，波动幅度Δ=5μg/m^3。

如图4-29所示，是在室外条件为中度污染条件下对14号线十里河站的站台进行的测试。测试时室外环境于10月10日发生突变，北京室外空气发布黄色警报，且污染时间持续到11日，测试时段室外工况温度T=23℃，相对湿度ϕ=55%，PM2.5平均值为154μg/m^3，PM10的平均值为316μg/m^3，在中午时段最高，测试开始是15：00，室外PM2.5浓度值为174μg/m^3，PM10的浓度值为346μg/m^3，测试结束时间是17：00，室外PM2.5浓度值为104μg/m^3，PM10的浓度值为246μg/m^3。站台测试结果显示PM2.5的值75～106μg/m^3，PM10的值为154～223μg/m^3，并且随着时间慢慢降低，站台处的PM2.5浓度受列车活塞风的影响，呈现周期性变化，波动幅度Δ=5μg/m^3。

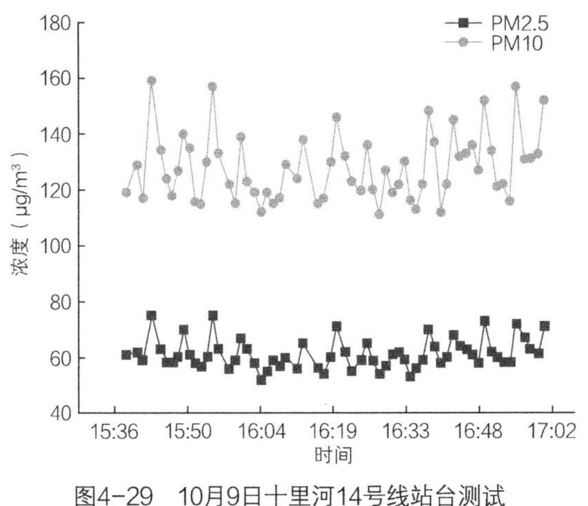

图4-29 10月9日十里河14号线站台测试

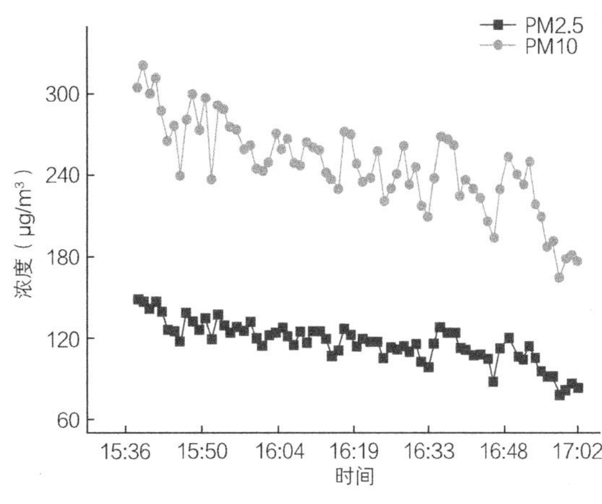

图4-30 10月11日十里河14号线站台测试

在室外条件不同的情况下的测试结果显示（图4-30），十里河站站台在列车频率不变的情况下PM2.5浓度值比较稳定，主要的影响因素是列车活塞风，随着列车状态的不同PM2.5浓度值呈现周期性波动，且波动值比较稳定。此外，站台内的环境与室外环境有很大的关系，但是在变化时间上面，站内存在一定的滞后，且变化幅度较小，在室外环境持续良好的状态下，站内环境仍高于室外。

对于十里河站两条线路两侧的站台同一天的测试结果，如图4-31。测试时室外条件见表3-3。从图4-31中可以看出，10号线站台侧比14号线侧的波动幅度小，这可能与10号线和14号线选取的安全门不同，造成的活塞风量不同有关。10号线侧数据稍高，这可能与14号线运营时间较短有关。

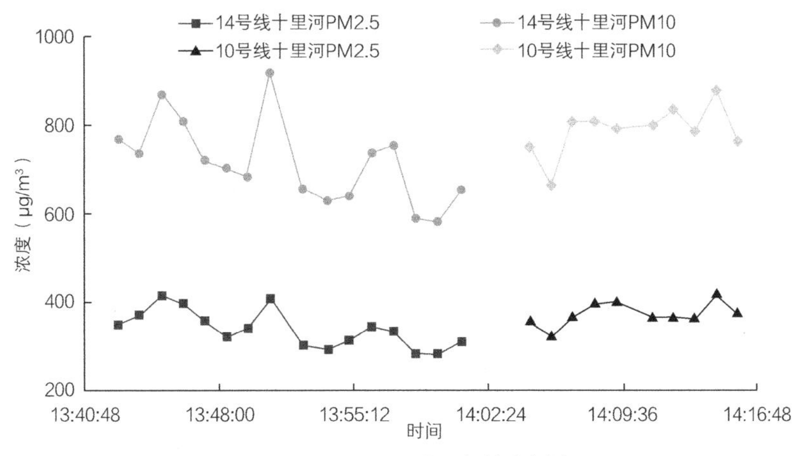

图4-31 10月19日十里河站台测试

4.4.2 站厅

研究双换乘站内站厅的PM2.5与PM10浓度的分布规律仍选取十里河站作为实测站点，选取其14号线站厅进行实测站厅。

在同时测试的条件下，14号线十里河站厅的测试结果显示：PM2.5平均浓度为49μg/m³，PM10的浓度平均值为103μg/m³。与站台相比较，站厅处的PM2.5随着列车运行状态的变化产生的波动幅度较小，波动范围为42～55μg/m³，高于同时刻的室外PM2.5值。对站台的测试结果图4-24与站厅的测试结果图4-32，可以看出站厅处PM2.5浓度要比站台略高，且波动幅度小，波动产生的时间与站台不同步，这是由于十里河站本身是换乘车站，站厅的面积很大，测试时测点位于中央位置，站厅的浓度值基本处于稳定状态，因此平均值站厅要比站台略高，由于高度差等原因，站厅相比较站台受到活塞风的影响比较小，因此站厅受到活塞风影响产生的颗粒物浓度值波动幅度小，且周期性变化时间与站台相比有0.5min的滞后。

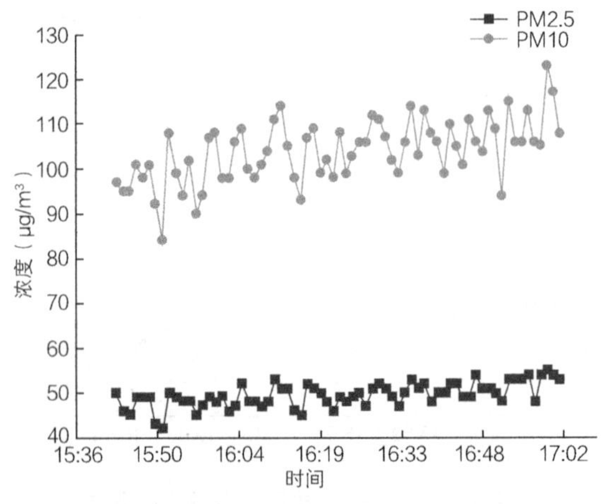

图4-32 10月9日14号线十里河站站厅测试

4.4.3 车厢

图4-33、图4-34是8号线地下列车车厢在站外空气质量不同的情况下，车厢PM2.5浓度变化图；图4-35、图4-36是地上高架列车亦庄线车厢在不同室外大气环境下，车厢PM2.5浓度变化图。

12月27日室外PM2.5浓度为18μg/m³，空气质量为优，8号线地下列车车厢内PM2.5虽高于室外但并未超标。12月31日室外浓度为549μg/m³，空气质量严重污染，地下列车车厢内PM2.5浓度虽然小于室外但远远超过国家标准75μg/m³。对比图4-33、图4-34两图可以发现，当室外空气质量为优时，地下列车开门车厢内PM2.5浓度会产生小幅度上升但变化不明显。而当室外空气质量严重污染时，列车开门车厢内PM2.5浓度则会显著下降。从图4-33中可以看出列车开门以及从站台加速驶出都会造成车厢PM2.5浓度上升，这可能因为此时站台浓度高于车厢，因此列车开门会造成车厢内PM2.5浓度小幅度上升。而列车

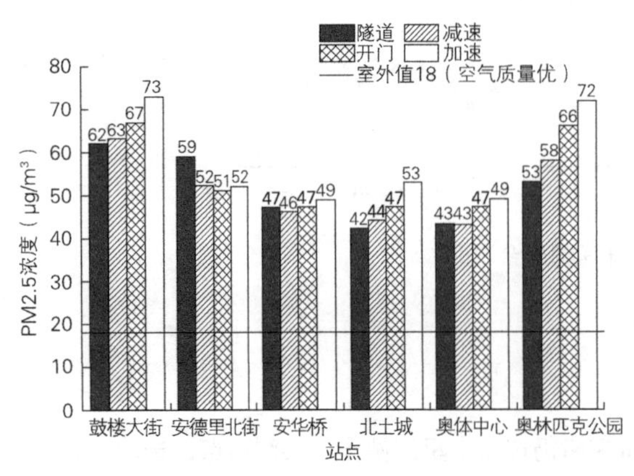

图4-33 12月27日8号线地下列车车厢PM2.5浓度

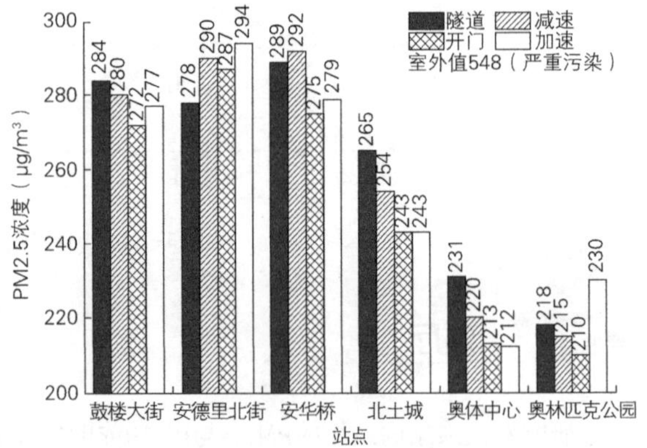

图4-34 12月31日8号线地下列车车厢PM2.5浓度

加速行驶的过程中会有风渗入车厢并带入隧道内的细颗粒物，从而造成车厢内PM2.5浓度再次上升。

而图4-34列车开门车厢内PM2.5浓度下降则可能是因为此时站台PM2.5浓度小于车厢内浓度，因此每次开门进入新风反而对车厢内颗粒物进行稀释，造成车厢内浓度降低。

地上列车车厢则与地下列车车厢呈现相反的变化趋势。图4-35为2017年1月4日地上列车车厢PM2.5浓度变化趋势。此时室外PM2.5浓度77μg/m³，空气质量为良。从图4-35可以看出，当室外空气质量较好时，列车加速、减速、开门车厢内并没有呈现明显的变化规律，图4-35整体却呈现下降的趋势。这可能由于列车刚驶出时车厢内浓度高于室外，但随着列车的不断的行驶，室外空气不断进入车厢对车厢的PM2.5产生稀释作用，使车厢内PM2.5浓度最终呈现下降的趋势。图4-36为2017年2月28日地上列车车厢PM2.5浓度变化趋势。此时室外PM2.5浓度为630μg/m³，呈现严重污染。

图4-36中PM2.5浓度整体呈现上升趋势，尤其是当列车开门和加速行驶时上升幅度尤为明显。这是因为地上列车和室外相通，此时室外空气污染十分严重，车厢内略优于室外。因此，当列车开门和加速行驶时室外污染严重的空气会进入车厢内造成车厢内空气环境的再次污染，使PM2.5浓度产生明显上升。鉴于地上列车和地下列车车厢呈现出不同的变化规律，因此针对不同类型的列车，应提出不同的控制策略，以此来减轻车厢内PM2.5污染情况。

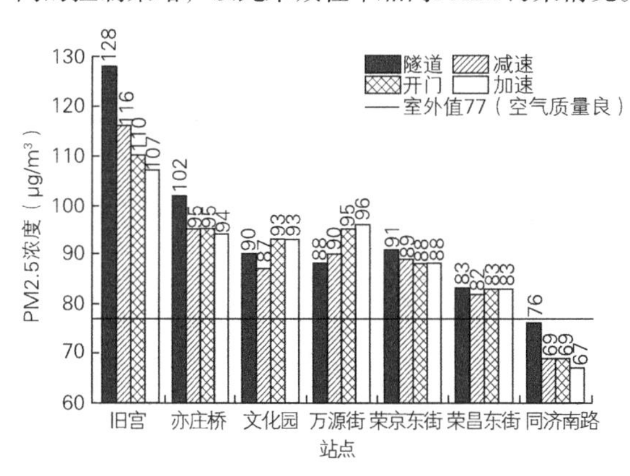

图4-35 2017年1月4日亦庄线地上列车车厢PM2.5浓度

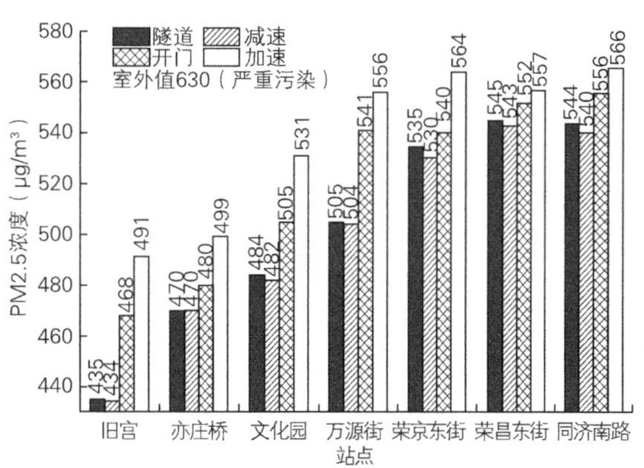

图4-36 2017年2月28日亦庄线地上列车车厢PM2.5浓度

4.4.4 双换乘站台间对比

双换乘站各车站间的对比研究除了对各个车站站台、站厅、车厢以及各线路间的换乘走廊进行实测外，还对室外条件进行实测，测试结果如下表4-1。

双换乘站室外浓度测试结果　　表4-1

日期	3月21日			3月22日			3月23日		
细颗粒物	PM1	PM2.5	PM10	PM1	PM2.5	PM10	PM1	PM2.5	PM10
14号线大望路	105-118	162-168	178-198	92-103	140-152	161-180	28-51	45-77	63-93
换乘	107-119	163-190	184-217	90-120	132-200	146-244	26-41	42-67	48-80

续表

日期	3月21日			3月22日			3月23日		
细颗粒物	PM1	PM2.5	PM10	PM1	PM2.5	PM10	PM1	PM2.5	PM10
1号线大望路	112-126	173-188	197-210	89-122	128-182	141-226	19-43	28-65	34-77
1号线车厢	106-130	157-194	172-222	75-116	104-176	114-212	18-41	28-62	32-72
1号线国贸	102-115	153-169	170-198	69-98	98-140	107-174	26-62	43-95	49-115
换乘	92-115	130-169	146-188	67-83	97-119	104-136	19-61	28-91	36-114
10号线国贸	95-101	137-142	150-160	74-114	104-156	117-176	11-12	16-20	19-23
10号线车厢	91-106	95-118	101-143	56-86	78-117	87-131	7-11	9-16	10-19
10号线十里河	91-106	131-153	156-168	66-110	97-152	107-173	12-15	19-22	22-26
换乘	100-132	150-202	173-224	70-126	104-185	132-219	13-16	20-23	22-28
14号线十里河	103-120	160-183	102-209	68-134	102-192	130-224	26-39	42-65	49-79
14号线车厢	92-97	113-143	165-166	74	112	123	—	—	—

日期	3月24日			3月25日			3月26日		
细颗粒物	PM1	PM2.5	PM10	PM1	PM2.5	PM10	PM1	PM2.5	PM10
14号线大望路	30-54	46-81	61-101	29-61	45-93	59-118	23-45	35-68	44-81
换乘	19-38	30-56	35-69	25-45	39-67	51-84	28-41	44-69	53-81
1号线大望路	21-62	33-95	38-112	23-75	34-119	37-145	44-83	71-126	81-151
1号线车厢	22-62	36-93	41-112	8-63	11-98	13-121	37-74	61-120	71-144
1号线国贸	13-41	19-62	21-73	8-68	11-104	12-121	34-81	56-123	64-149
换乘	13-27	20-38	22-43	12-58	21-86	24-100	28-64	44-103	55-115
10号线国贸	7-15	10-19	11-21	11-17	15-24	17-27	6-15	9-19	10-22
10号线车厢	8-17	11-23	13-27	11-26	16-42	18-50	8-15	12-21	13-25
10号线十里河	10-22	14-32	16-37	18-24	29-35	34-41	11-22	17-33	19-37
换乘	18-32	29-41	42-66	7-33	11-47	13-56	18-28	28-42	31-55
14号线十里河	20-44	33-67	44-80	3-55	4-84	4-102	26-43	41-65	49-79
14号线车厢	—	—	—	—	—	—	19-39	29-59	37-70

图4-37是对于双换乘站进行PM2.5浓度的横向比较。从图4-37中可以看出对于站台位置的PM2.5浓度分布：1号线大望路站＞14号线大望路站＞1号线国贸站＞14号线十里河站＞10号线十里河站＞10号线国贸站。对于站台与换乘走廊的PM2.5浓度相比较，除可能是由于国贸站的换乘走廊很长且通风不良造成的PM2.5积累而产生的反常现象，即10号线国贸站台＜换乘走廊以外，PM2.5的浓度分布具有车厢浓度＞站台浓度＞换乘走廊浓度的一般规律。在室外环境满足小于$75\mu g/m^3$的国家标准时，站内仍然处于污染状态，当在室外环境也处于污染的情况下，站内污染情况更为严重。

还可以看出，每个站台测试时都受到列车活塞风的影响，其中1号线只有半高安全门，受到的波动幅度最大，波动值为$\Delta=20\mu g/m^3$；其次为10号线，波动值为$\Delta=9\mu g/m^3$，最新投入运行的14号线的波动幅度最小，波动值为$\Delta=5\mu g/m^3$。这说明活塞风对站台处PM2.5浓度的影响大小与是否有安全门以及安全门的漏风性能等有关。并且也可以从图中再次验证PM2.5浓度的平均值具有：1号线大望路＞14号线大望路＞1号线国贸站＞14号线十里河站＞10号线十里河＞10号线国贸站的结论。

除了上述换乘站间的站台实测外，还进行了对于南锣鼓巷站的两条线路站台间的实测。将南锣鼓巷站的两个站台分为屏蔽门站台和全高安全门站台，对两种不同类型的站台进行比较分析，得出最终规律。

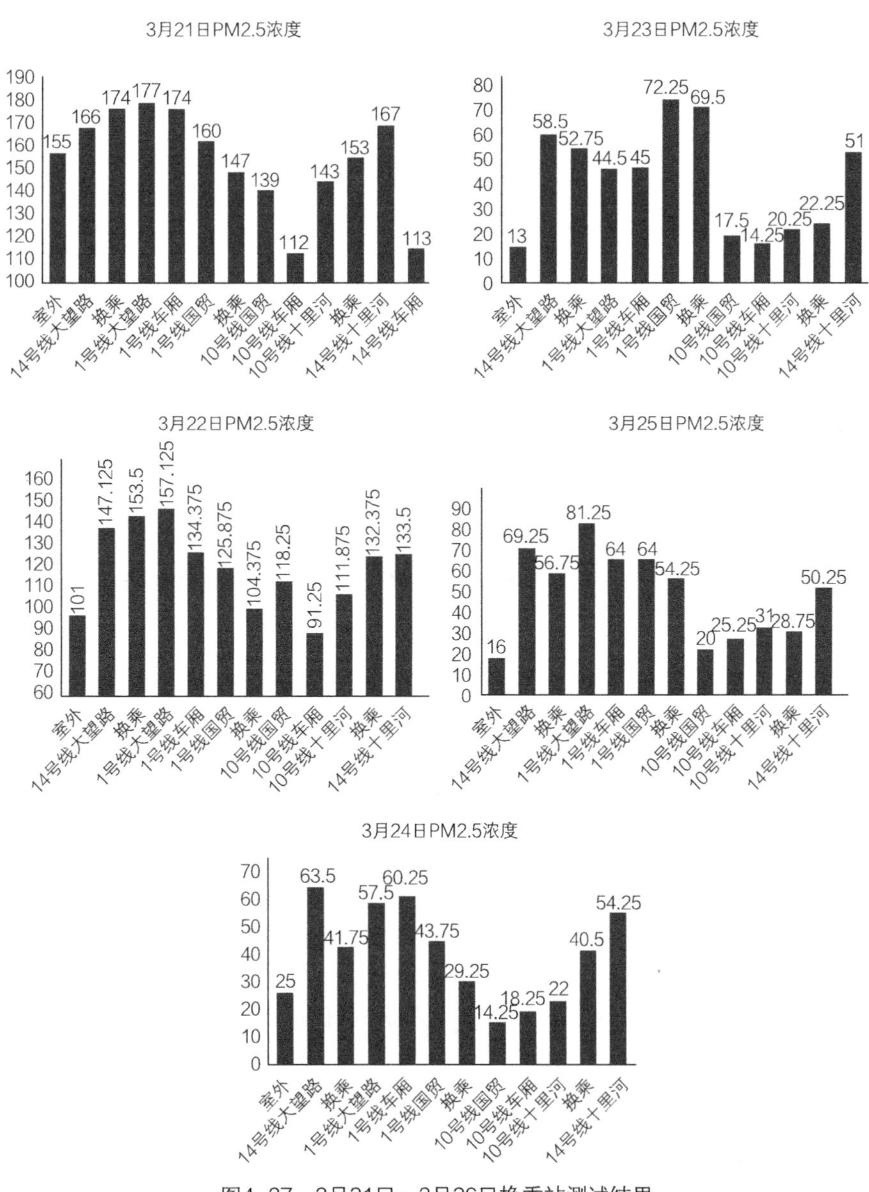

图4-37　3月21日～3月26日换乘站测试结果

从图4-38中可以看出，PM2.5和PM10呈现一致的变化规律。列车驶入和开门时站台颗粒物浓度无明显变化；当列车关门时，站台颗粒物略微下降；当列车离开时，站台颗粒物又明显上升。由于6号线南锣鼓巷站为全高安全门，所以当列车驶入时产生的活塞风带入的隧道的颗粒物会对站台颗粒物浓度产生影响，因此在列车离站时，站台颗粒物浓度会显著上升。

图4-39屏蔽门系统8号线南锣鼓巷站则呈现出不同的变化规律。如图4-39所示，对于屏蔽门系统，当列车开门时，站台颗粒物浓度下降；而当列车关门时颗粒物浓度又显著上升。屏蔽门系统与隧道相隔，受活塞风影响较小。由前所知，站台颗粒物浓度是高于车厢的，因此当列车开门时那一瞬间，车厢较为干净的空气会对站台污浊的空气进行稀释，从而使站台颗粒物浓度下降。之后随着乘客走动上下车，会产生二次悬浮颗粒物，又会对站台产生再次污染，因此列车关门时，站台颗粒物浓度又会再次上升。

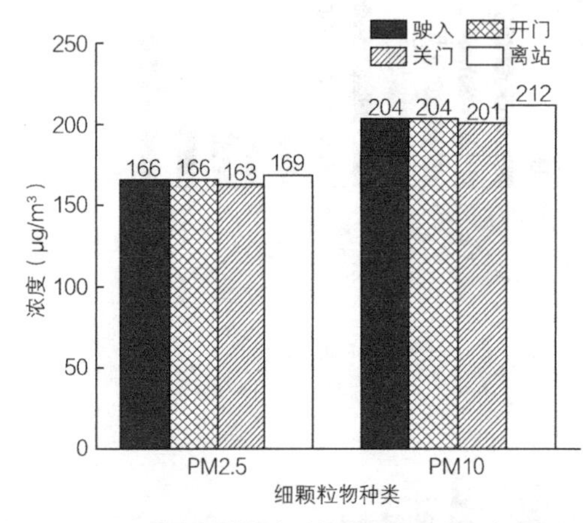

图4-38 6号线南锣鼓巷站列车进出站时站台浓度变化图

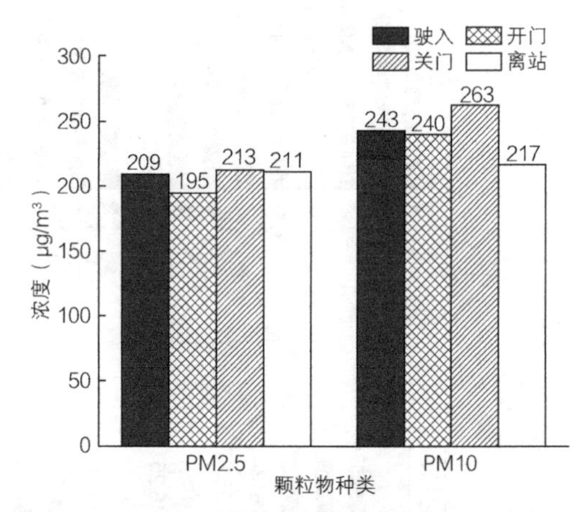

图4-39 8号线南锣鼓巷站列车进出站时站台浓度变化图

4.4.5 站台、站厅、车厢与室外的对比

实测当天室外PM2.5浓度为21μg/m³，PM10浓度为27μg/m³，室外空气质量为优。

首先，从图4-40中可以看出，测试当天所有站的站台、站厅、车厢的PM2.5浓度均高于室外。此外，除去个别站，剩下站的PM2.5浓度值均低于国家规范标准值。在实测完成后，通过询问地铁相关工作人员得知，测试当天南锣鼓巷站的通风系统正在维修，因此导致这两站的PM2.5和PM10的浓度值整体高于其他站。其次，从图4-40中可以看出所有站的站台PM2.5浓度均高于站厅，且站台和站厅呈现出一致的变化规律，即站台和站厅同步升高或降低。产生该结果的原因在于站厅通风较好，颗粒物无法在室内进行积聚，因此浓度比站台更低。最后除去较为特殊的南锣鼓巷站，剩下站呈现的整体趋势为站台＞车厢＞站厅。我们发现在室外空气质量为优的情况下，列车到站开门会造成车厢PM2.5浓度的上升，并由此推测出站台PM2.5浓度可能高于车厢。而这一推测在本小节得到了验证，在室外空气质量为优的情况下，站台PM2.5浓度的确大于车厢。

图4-41站台、站厅、车厢PM10浓度对比图基本与图4-40呈现一致的规律。从图4-41中可以看出，测试当日所有站的PM10浓度均高于室外PM10浓度。另外，除了南锣鼓巷站的站台、站厅，剩下站的PM10浓度均未超过国家标准。观察图4-41可以看出，鼓楼大街站的PM10浓度为车厢>站台>站厅；而奥林匹克公园站的PM10浓度为站台>站厅>车厢。我们还可以发现站台、站厅、车厢的PM2.5和PM10浓度变化规律基本一致。因此，我们可以认为在大部分情况下，当室外空气质量为优时，站台、站厅、车厢的颗粒物浓度大小关系为站台>车厢>站厅。

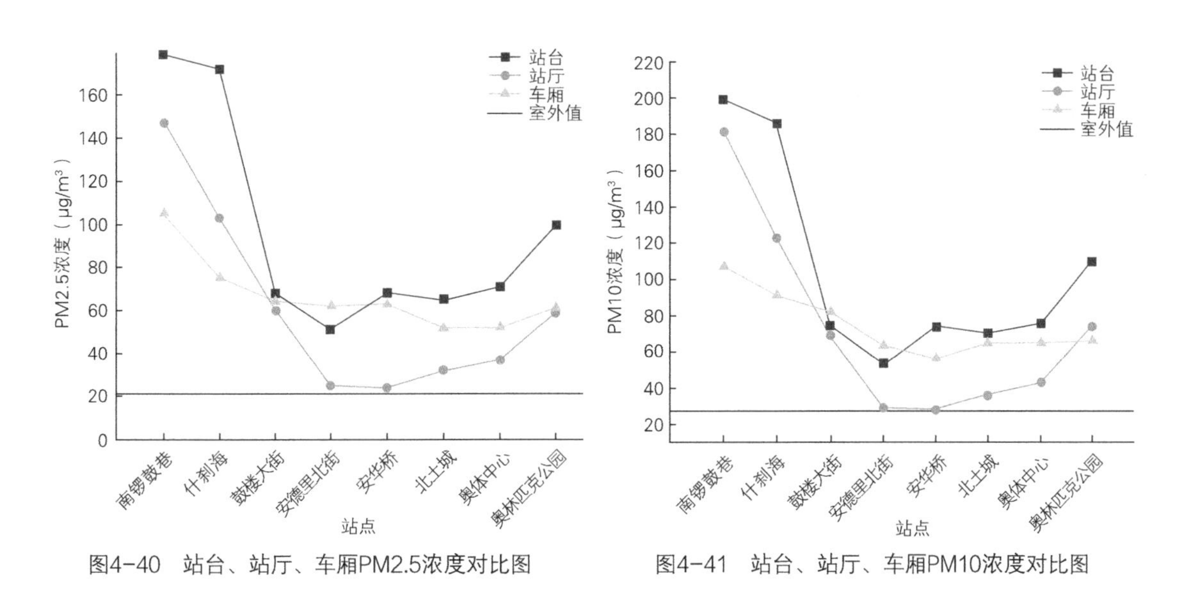

图4-40 站台、站厅、车厢PM2.5浓度对比图

图4-41 站台、站厅、车厢PM10浓度对比图

4.5 本章小结

本章针对双换乘地铁站进行颗粒物浓度分布研究。根据双换乘地铁线路走向及换乘方式将地铁双换乘站分为10种。然后对实际进行数据收集的双换乘地铁站的站内基本情况进行介绍。并对实测实验仪器、方案及其测试点与测试时间进行介绍。在本章4.4节将实测结果分为站台实测、站厅实测、车厢实测、各个换乘车站的站台、站厅、车厢与换乘走廊的实测对比，以及站台、站厅、车厢与室外的浓度进行的对比实测5个方面。本章对实测结果的展示，为第6章的地铁颗粒物相关影响因素的分析做了数据铺垫。

参考文献

[1] 王丽华. 浅谈地铁车站换乘方式[J]. 北方交通，2010（1）：68-71.

[2] 张喜正. 天府广场站节点与平行换乘方式的研究[J]. 铁道工程学报，2007，24（12）：95-98.

[3] 魏重丽. 武汉地铁徐家棚换乘站设计方案研究[J]. 铁道工程学报，2012（6）.

[4] 崔志强. 地铁车站方案设计探讨[J]. 隧道建设，2005，25（3）：30-34.

[5] 石广银. 北京地铁远期双线换乘站换乘形式分析[J]. 隧道建设，2014，34（1）：24-31.

[6] 王新如. 地铁车站细颗粒物分布规律及运动特性研究[D]. 北京：北京工业大学，2017.

[7] 王姣姣. 寒冷地区某地铁屏蔽门系统站台颗粒物浓度分布实测研究与模拟分析[D]. 陕西：长安大学，2017.

[8] 沈铁沿线120多个火车站将被拆除为提速“腾路”. 新浪新闻中心. 2003-08-26.

[9] 1号线大望路站. 北京地铁官方网站. 2013-08-19.

[10] 轨道交通14号线工程规划方案公告. 北京市规划委员会. 2015-03-21.

[11] 1号线国贸站. 北京地铁官方网站. 2013-08-19.

[12] 10号线国贸站. 北京地铁官方网站. 2013-08-26.

[13] 6号线. 北京地铁官方网站. 2013-08-23.

[14] 8号线. 北京地铁官方网站. 2013-12-27.

[15] 北京地铁奥运支线机场线10号线三线今日开通. 京华时报. 2008-07-19.

[16] 北京市规划委员会、北京城市规划学会、北京市铁道建设管理有限公司. 北京地铁：北京出版社，2009：98-125.

第5章　复杂多线换乘车站细颗粒物污染研究

多线换乘站站内构造较复杂，且客流量较大，因此虽然除一线城市外，多换乘站较少，但站内的颗粒污染物的研究仍具有较高的研究价值。本章对多线换乘站的概念及典型多线换乘站进行深入介绍，并选取北京地铁的多换乘站进行实测数据的采集，分析与展示。

5.1 多线换乘车站典型车站介绍

换乘站是供乘客在不同路线之间，在不离开车站付费区及不另行购买车票的情况下，进行跨线乘坐列车的行为。乘客在某个车站下车，无需另行购票，即可由原本乘坐的路线，转换至另一条路线继续行程，而车费则按总乘坐里程计算。

同样为地铁跨线周转，换乘站与转乘站不同的地方在于，转乘站需离开车站付费区或另行购买车票，再乘坐其他路线列车的车站。转乘站在中国高雄捷运现阶段称为交会站，中国香港统称为转车站，中国内地城市（上海除外）统称为换乘站，而东南亚的马来西亚和新加坡则统称为转换站。

部分城市的轨道交通，如东京、香港、上海等，有较为特殊的换乘方式，即乘客离开车站付费区但无需另行购票，里程仍连续计算的换乘方式。其中，东京为无条件出站换乘，无论乘客使用智能卡或单程票均可进行出站换乘；而香港、上海、华盛顿、芝加哥和伦敦等地铁系统则是有条件出站换乘，只有以有效出入闸的智能卡在限时内进入邻线闸机被视为连续乘车而不独立计算里程，单程票仍需另行购票。

多线换乘站是三条线路或三条以上线路交叉的换乘车站。在我国有9座城市的地铁站存在多线换乘车站。

北京有3座三线换乘车站，分别是西直门站、东直门站和宋家庄站。选取西直门为代表性车站进行介绍。西直门站是北京地铁2号线、北京地铁13号线和北京地铁4号线交会的换乘站，也是13号线的西端终点站。位于北京市西城区西直门桥附近。2号线车站于1984年9月20日北京地铁二期工程开通时启用，13号线车站于2002年9月28日13号线西段开通时启用，4号线车站于2009年9月28日4号线开通时启用。2号线和4号线车站均为地下车站，2号线车站在上，4号线车站在下，均为端头厅岛式站台设计。站台中部有两线之间换乘楼梯，两线车站4个端头厅通过四段通道相连形成环形换乘通道，并连接四个方向的地面出入口，在环形通道西北方向连接位于地下一层的换乘大厅通向13号线车站。13号线车站为地上3层高架车站，站台层在地上三层，为两岛一侧三线站台，月台式布局，由其他两条线路转乘13号线始发的旅客上到中间的岛式站台，而由13号线作为终点到来的旅客则在两边的侧式站台下车出站或换乘，地上二层为站厅层，地面首层为出入口。13号线车站站台通过连续通道连接位于地下一层的换乘大厅，再与2号线、4号线车站由换乘通道相连。由于2号线和13号线都是早期建成的地铁线路，站台原始都没有安装屏蔽门，目前改安装半高安全门，只有4号线车站开通投入使用时站台安装了屏蔽门。13号线西直门站在2013年开始安装半高安全门。2号线在2017年安装了站台门。如图5-1为西直门站内立体图所示。

南京有1座四线换乘车站，南京南站。南京南站是南京地铁1号线、南京地铁3号线、南京地铁S1号线、南京地铁S3号线的换乘车站，也是南京地铁最大的换乘枢纽。南京南站有4座站台，分为两组，两组站台之间有换乘通道相连。南京地铁1号线和南京地铁3号线车站为地下2层双岛车站，位于高铁站南京南站地下，地下一层为站厅层，地下二层为站台层，1号线和3号线在地下二层同台换乘。南京地铁S1号线和南京地铁S3号线为地下2层一岛两侧式站台，位于高铁站南京南站北广场地下，地下一层为站厅层，地下二层为站台层。S1号线到达方向（南京南站方向）与S3号线出发方向（高家冲

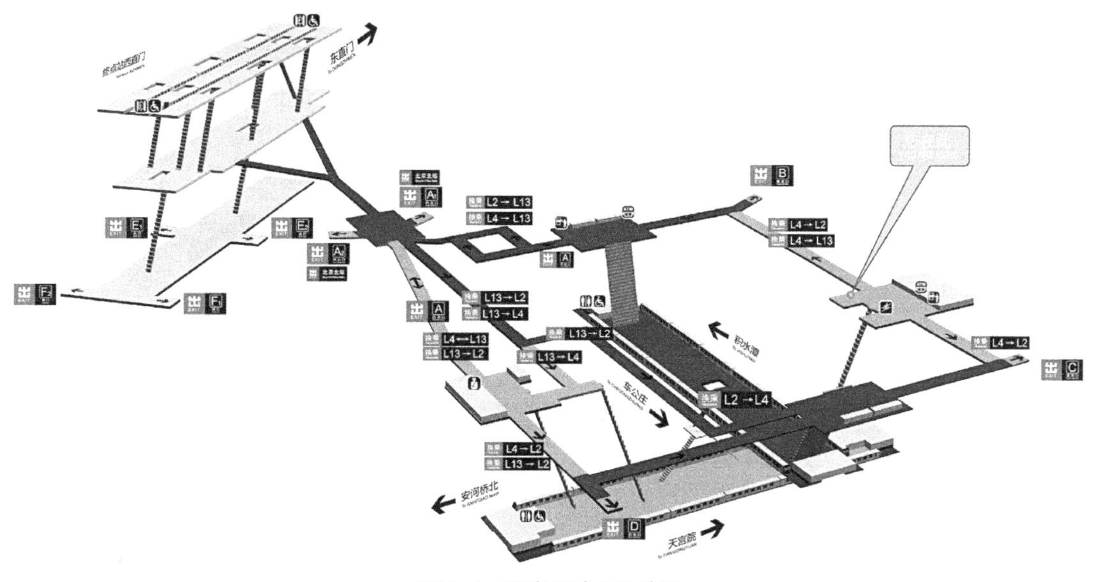

图5-1 西直门站内立体图

方向）同台换乘。1号线车站于2011年6月28日开通，S1号线车站于2014年7月1日开通，3号线车站于2015年4月1日开通，S3号线车站于2017年12月6日开通。车站共设有12个出口。如图5-2所示为南京南站俯视图。

天津有1座三线换乘车站，天津站。天津站位于天津市河东区天津站后广场地下，是天津轨道交通车站之一。2012年7月1日，天津地铁二号线开通，天津站启用，2012年10月1日三号线正式开通试运营，乘客可换乘至地铁二号线。九号线调试于2012年10月15日开通运营。乘客将可以通过换乘到达市内6区，环城4区及滨海新区。天津地铁二号线、三号线和九号线的换乘站，分别位于城际站房地下二、三、四层。天津站地下二层为站厅层，地下三层为二号线与九号线站台，其中，九号线为西班牙式站台，二号线为侧式站台，地下四层为天津地铁三号线的岛式站台。其中，九号线站台可与二号线往滨海国际机场站方向进行同站台换乘。

深圳有2座三线换乘车站，即前海湾站、福田站，1座四线换乘站，车公庙站。选取车公庙站作为代表性车站进行介绍。车公庙站是1、7、9、11号线的换乘站，位于深南大道与香蜜湖立交交叉口西侧。车公庙站为地下车站，共设有12个出入口。1号线与11号线车公庙站为地下两层，总长约369m，车站标准段宽26.8m，底板底埋深约18.35m，均为岛式站台。7、9号线车公庙站为地下3层，也均为岛式站台，总长315m，标准段宽41.3m，底板底埋深约25.5m。地铁1号线与11号线在车公庙呈东西走向两两平行、7号线与9号线在该段呈南北走向，与1号线、11号线两两相交，建成后7号线和9号线将实现同站台换乘，与1号线、11号线站厅换乘。如图5-3为车公庙站俯视图。

此外重庆有2座三线换乘车站，分别是冉家坝站和重庆北站南广场站；武汉有2座三线换乘站，宏图大道站和香港路站。成都有1座为三线换乘站，太平园站。长沙有1座为三线换乘站，长沙火车站南站。

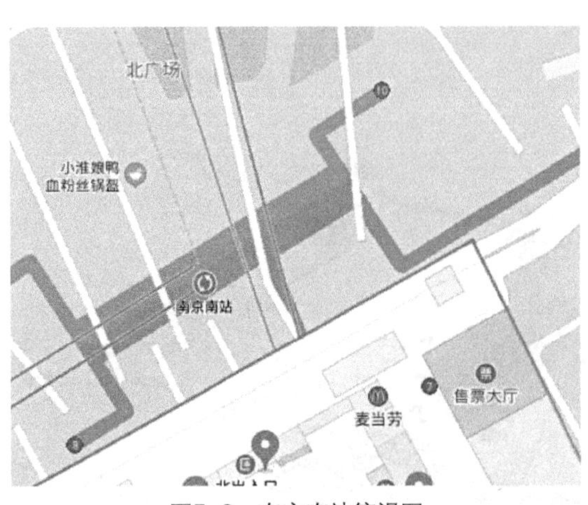

图5-2 南京南站俯视图

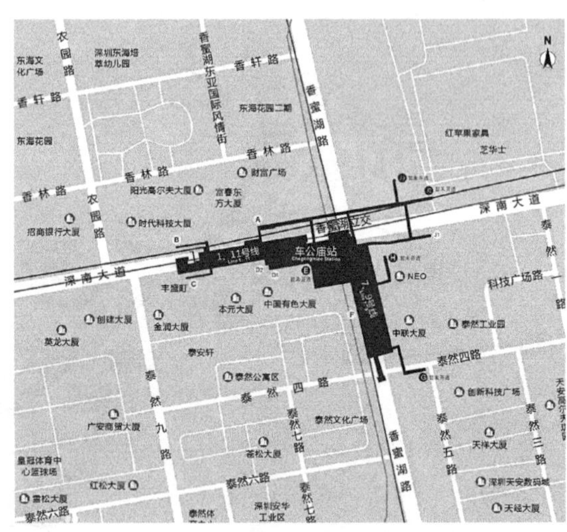

图5-3 车公庙站俯视图

5.2 测试方法

5.2.1 测试采用的仪器

如图5-4、图5-5所示，测试所使用的颗粒物测量仪器主要有两种：

（1）美国TSI8532可吸入颗粒粉尘分析仪，如图5-4所示，该仪器用90° 光散射的方法，能够通过更换测试头实现测试PM10、PM4、PM2.5或PM1颗粒物浓度，并做到实时显示，它的量程为0.001～150mg/m^3，精度为±0.1%，操作温度0～50℃，操作相对湿度0～95%，采样时间间隔可设置1s～1h。仪器外形尺寸为4.9 × 4.75 × 12.45（in），由可充电蓄电池驱动，适用范围广泛，可用于干净的办公室，也可用于条件艰苦的工业车间、建筑工地及其他户外环境。

（2）CW-HAT200S手持式空气质量测试仪，如图5-5所示，该仪器是由深圳塞纳威公司生产的专用于测量空气中PM2.5及PM10数值的检测仪器，它的原理也是光散射，量程为0～500μg/m^3，测量精度为±10%，采样时间60s，同时该仪器也配有温湿度传感器，温度范围5～45℃，相对湿度范围小于90%。该仪器精度较高，功能强大，操作简单，便于携带，适合小空间空气质量的测量。

图5-4 便携式TSI8532粉尘测试仪

图5-5 手持式CW—HAT200S测试仪

5.2.2 测试主要方法与内容

本项目以研究地铁内空气品质为目的，因此需要对地铁内的空气品质相关参数进行实测，即PM1，PM2.5，PM10，温度，湿度。由于地铁作为复杂地下建筑结构，其各个区域的细颗粒物浓度不同，因此需要进行分别实测研究，所以对于三换乘站的实测，包含换乘站各条线路的站台和站厅。由于地铁内细颗粒物的浓度分布受到室外空气质量的影响，因此同时需要进行室外空气品质的实测，即对室外空气的PM1，PM2.5，PM10，温度，湿度进行同时测试。

5.2.3 测试选取点

实测多换乘站选取北京地铁宋家庄站作为实测地铁站。宋家庄站是北京地铁5号线、亦庄线、10号线三条线路的换乘的车站，位于北京市丰台区石榴庄路与宋庄路的交汇路口，5号线、10号线车站为东西向，亦庄线车站为南北向。5号线车站于2007年10月7日随着5号线开通投入运营，10号线车站于2012年12月30日随着10号线二期工程开通投入运营，亦庄线车站于2010年12月30日随着亦庄线开通投入运营。宋家庄站为地下2层车站。5号线部分采用侧式站台设计；亦庄线在南侧，采用港湾式月台西班牙式月台布局，直接和5号线终点站站台垂直连接；10号线站台位于5号线北侧，与5号线平行，采用3线双岛式站台布局。由于10号线客流较大，外环列车不能开右侧门同站台换乘5号线，外环列车换乘5号线的乘客需要绕行站厅。宋家庄站采用共同整体式站厅，如图5-6为宋家庄站站内立体图。

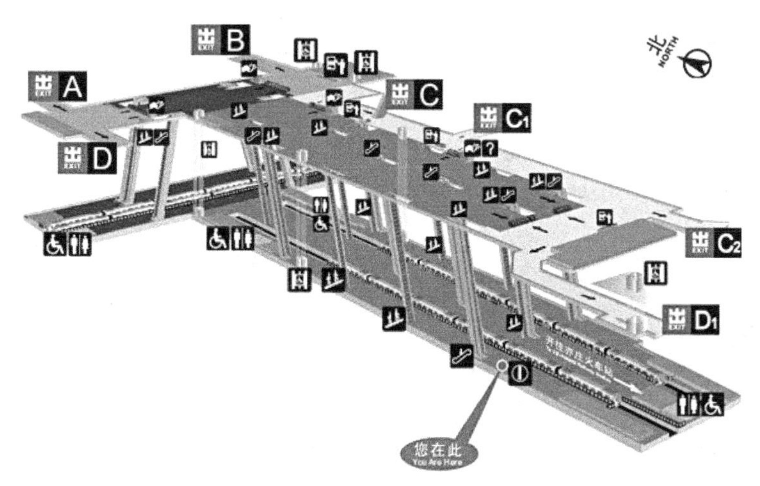

图5-6　宋家庄站站内立体图

根据地铁站站台情况，列车进站方向共布置4个测点，是将靠近站台一侧列车进站车头至车尾的直线距离均分对颗粒物浓度进行测试，如图5-7所示，即列车进站停稳后，列车头位置的站台为测点1（距离车头为2m），列车尾位置的站台为测点4（距离车尾为2m），中间两点为测点2、3（均匀分布），测点距离安全门横向距离为1.5m，水平高度为1.5m。

站厅的测试测点见图5-8，测点布置在每个出口前的检票口，一共9个测点，从地面看，如图5-9宋家庄站地面俯视图所示：B口与A口分列宋庄路东西两侧，D口与C口分列石榴庄路南北两侧，D口与E口分列在宋家庄交通枢纽建筑的北部和西部，F口与G口分列在宋庄路东西两侧，H口与I口分列石榴庄路南北两侧。测试的水平高度为1.5m，为了对比地铁内外的污染物浓度的差异和讨论室外浓度对室内的影响，还相应对地铁车站室外PM2.5浓度进行了测试。

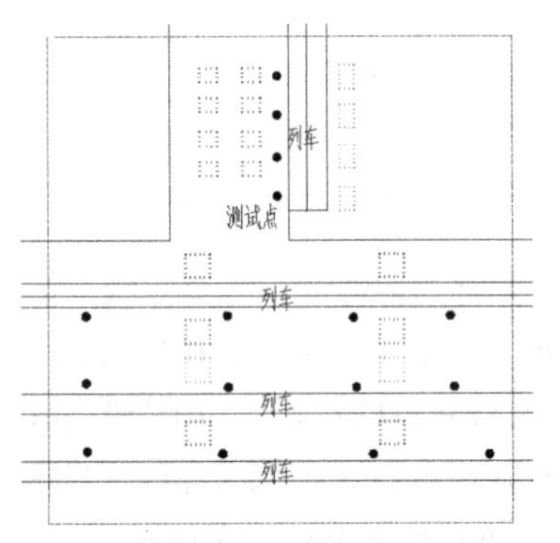

图5-7 站台测试点布置平面示意图

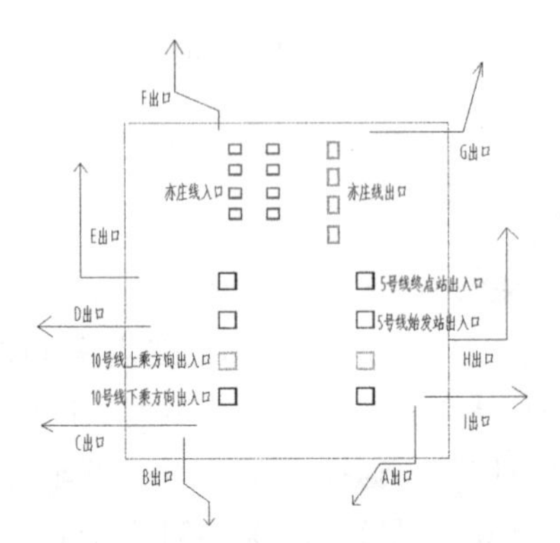

图5-8 站厅测试点布置平面示意图

图5-9 宋家庄站地面俯视图

5.2.4 测试时间段

三换乘站测点是宋家庄车站，测试时间段均为下午非高峰时段，测试时段为14：00到16：00。测试时同时测试室外环境参数，日期选取的原则是室外环境处于不同的污染等级，从2016年3月1日到20日，室外环境分别处于优（0～50μg/m³）、良（50～100μg/m³）、中度污染（150～200μg/m³）、重度污染（200～300μg/m³）、严重污染（>300μg/m³）进行室外实测，有助于对地铁车站的PM2.5的污染进行全面客观性的分析和比较。同时于2016年3月1日至20日进行宋家庄站在各线路上站台、站厅的实测工作。

5.3 测试结果

从表5-1宋家庄站实测结果可以看出中所列室外环境中的PM2.5浓度比较，在室外环境 PM2.5污染程度为优的情况下，地铁车站公共区的PM2.5平均浓度是室外环境PM2.5浓度的3～5倍，污染等级为良在室外环境为良和中度污染的条件下，地铁车站公共区的PM2.5平均浓度大约是室外环境的2倍，相对应的地铁车站的污染等级分别为中度污染和重度污染；在室外环境为重度污染时，地铁车站公共区的PM2.5平均浓度是室外环境的一半地铁车站的污染等级仍为中度污染。在室外环境为严重污染时，地铁车站的PM2.5平均浓度为室外环境的60%～75%地铁车站公共区的污染等级为重度污染。对PM2.5与PM10的关系进行分析，PM2.5/M10＝0.68～0.86，平均值为0.77，说明站内PM2.5是站内PM10的重要组成部分，这与Kam等研究的美国洛杉矶地铁站台PM2.5/PM10＝0.73、Cheng等人研究的中国台北地铁站台0.65～0.75，以及樊越胜的结论PM2.5/PM10 ＝0.64～0.87的结果相似。

宋家庄站测试结果 表5-1

日期	地点	PM1.0	PM2.5	PM10	>0.3um	>2.5um	>10um	Temp	Humi
2016.03.01	10号开往石榴庄	84-111	116-152	141-174	15466	87	7	22	15
	10号开往成寿寺	82-126	115-159	141-180	15466	87	7	22	15
2016.03.02	亦庄线	139-196	204-383	259-329	25249	179	14	20	19
	5号线始发站	106-154	196-241	208-287	21614	153	13	20	18
2016.03.03	站厅	117-243	173-380	223-472	30495	286	23	21	27
2016.03.04	10号开往石榴庄	152-191	236-295	314-348	27297	228	18	23	27
	10号开往成寿寺	145-190	225-288	298-353	27465	223	17	26	23
2016.03.05	5号线终点站	19-33	30-57	39-68	4666	44	4	22	12
	5号线起始站	21-63	35-100	43-135	6671	63	5	21	13
2016.03.08	站厅	14-56	20-83	27-98	4973	29	3	19	10
2016.03.09	10号开往石榴庄	27-34	45-51	55-64	5229	42	5	22	11
	10号开往成寿寺	26-30	42-50	52-60	5144	40	3	23	9
2016.03.10	5号线终点站	27-72	40-122	47-145	7341	61	5	21	9
	5号线起始站	15-29	15-38	28-69	3505	24	2	19	7
2016.03.11	站厅	21-44	32-73	41-86	5500	35	3	21	11
2016.03.13	5号线终点站	14-76	23-116	31-139	6482	45	4	21	10
	5号线起始站	13-41	19-69	23-94	4444	40	4	20	10
2016.03.14	亦庄线	63-92	92-135	112-170	13229	95	9	20	16
2016.03.15	10号开往石榴庄	70-136	101-195	120-226	18966	119	9	22	18
	10号开往成寿寺	58-139	86-199	103-225	19041	122	9	23	17
2016.03.20	5号线终点站	22-38	30-52	33-62	5028	21	2	21	18
	5号线起始站	24-29	34-41	37-49	4566	20	2	21	17

5.3.1 站台

站台取室外空气优、严重污染两种情况下以五号线始发站为例进行分析。测试时间为2016年3月2日及3月10日，测试时段均为14：00～16：00。3月2日测试结果PM2.5的平均浓度为220μg/m^3，PM10的平均值为257μg/m^3，3月10日测试结果PM2.5的平均浓度为26μg/m^3，PM10的平均值为35μg/m^3。结合室外条件与图5-10和图5-11可以看出在室外空气优、严重污染两种情况下5号线站台处的PM2.5污染程度大

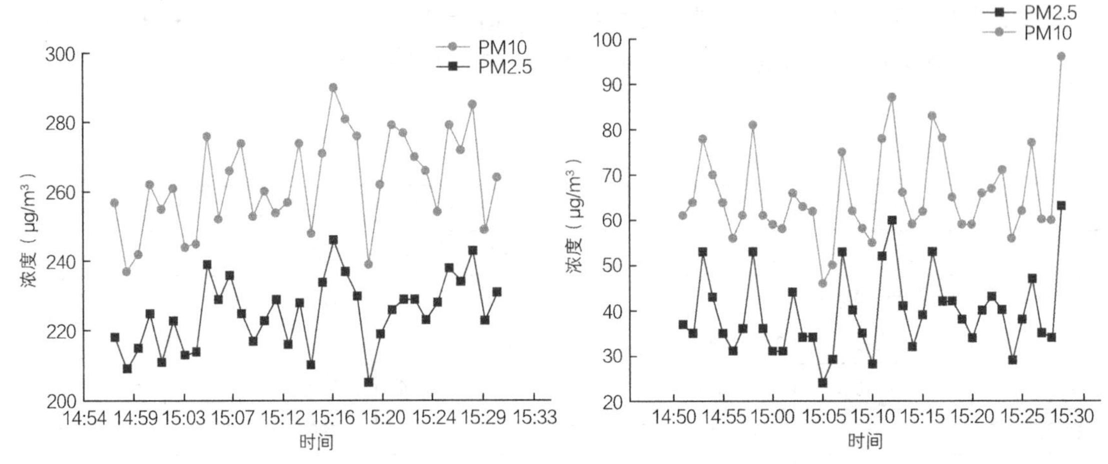

图5-10　2016年3月2日宋家庄5号线始发站站台测试

图5-11　2016年3月10日宋家庄5号线始发站站台测试

于室外；站台处的浓度受到列车引起的活塞风影响，且浮动频率保持不变；PM2.5与PM10的变化规律一致。

5.3.2 站厅

站厅由于宋家庄站结构以及站台带有屏蔽门，宋家庄站站厅受活塞风的影响较小。在室外环境为优、严重污染两种工况下，站厅的测试数据如图5-12和图5-13。测点1、2、3分别为出口A、I、H出口前的检票闸机口处。

从图5-12和图5-13中得知，当室外环境为451μg/m³，PM10为517μg/m³，站厅平均值PM2.5为317μg/m³，PM10为396μg/m³；当室外环境PM2.5为25μg/m³，PM10为54μg/m³，站厅平均值PM2.5为52μg/m³，PM10为73μg/m³。当室外环境严重污染时，站厅也是严重污染状态，但是浓度小于室外；当室外环境为优时，站厅内数据也会降低，但是浓度比室外要高。且站厅位置之间比较，1、3相比较于内部测点2要稍低。

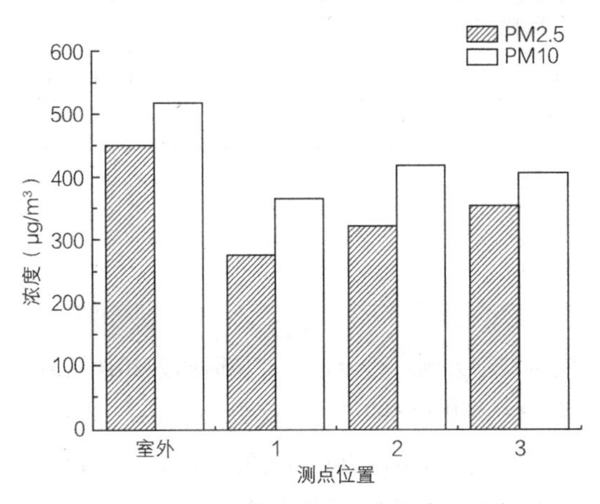

图5-12　2016年3月3日宋家庄站厅测试

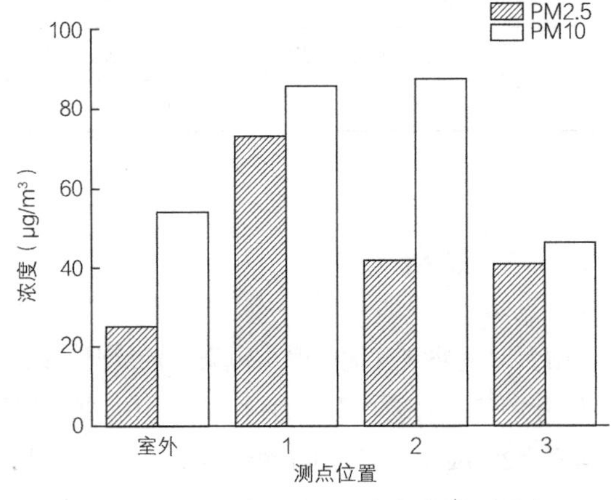

图5-13　2016年3月11日宋家庄站厅测试

5.3.3 多换乘车站站台间对比实测

宋家庄站所有的站台均为岛式结构，但采用的都是单侧开门运行，而且在地铁线相同的情况下，开往不同方向的站台结构相同，且列车的运行频率相同。其中亦庄线测试的是始发站，5号线为终点站与始发站，10号线测试开往石榴庄和成寿寺两个方向的站台。结果如图5-14至图5-17。

从下四张图中可以看出在室外处于优或者重度污染时，PM2.5浓度一般站台大于室外，但在室外环境达到严重污染时，室外PM2.5浓度大于站台浓度。室外条件完全相同的情况下如图5-15，对比亦庄线与5号线两条线的始发站站台，发现亦庄线的PM2.5浓度大于5号线，这是由于亦庄线站台体积是5号线的两倍，亦庄线的站台通风换气效果不如5号线而造成的，说明地铁车站站台的构造会对PM2.5浓度产生影响。对比图5-14和图5-15中，可以看出在地铁线相同的情况下，开往不同方向的站台，颗粒物的浓度大约相同，这也从反面验证了地铁结构对PM2.5浓度有影响这一猜测；在室外条件相似的情况下，如图5-16、图5-17所示，5号线站台的PM2.5浓度大于10号线站台，说明对于在列车行驶频率以及站台构造相同的情况下，运营时间较长的车站PM2.5浓度高。

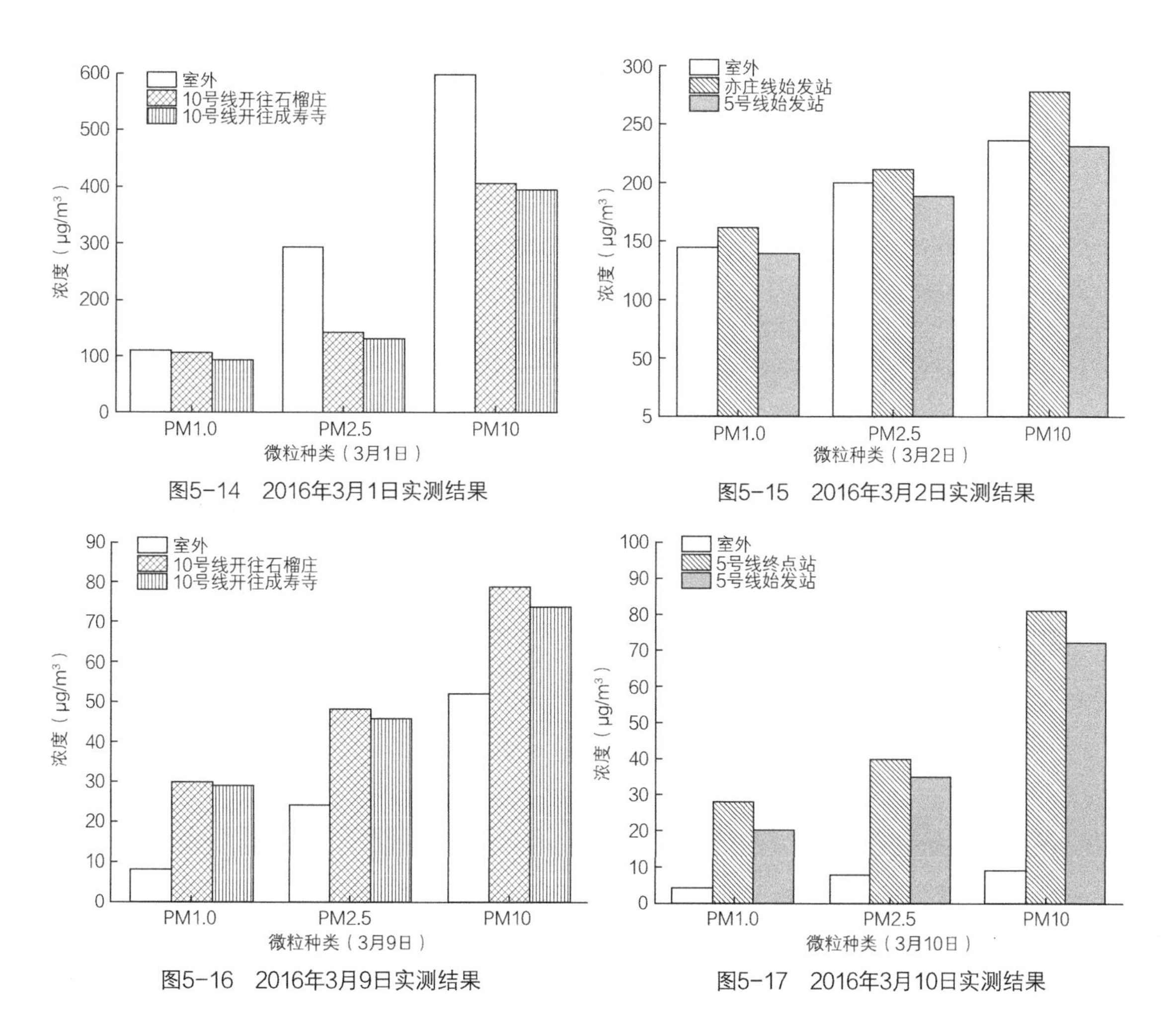

图5-14 2016年3月1日实测结果

图5-15 2016年3月2日实测结果

图5-16 2016年3月9日实测结果

图5-17 2016年3月10日实测结果

5.4 本章小结

本章针对多换乘车站进行针对性介绍。5.1节多换乘车站的定义进行了介绍，并选取了典型多换乘站进行了介绍。5.2节对进行实测的多换乘站的实测方案进行介绍。5.3节分站台、站厅以及多换乘车站各站台三部分，进行实测结果展示及分析。

参考文献

[1] Brook, R. D.; Franklin, B.; Cascio, W.; Hong, Y.; Howard, G.; Lipsett, M.; Luepker, R.; Mittleman, M.; Samet, J. Smith, S. C., Jr. Tager, I. Expert Panel on, P. Prevention Science of the American Heart, A., Air pollution and cardiovascular disease: a statement for healthcare professionals from the Expert Panel on Population and Prevention Science of the American Heart Association. Circulation. 2004, 109 (21), 2655–71.

[2] S. N. Chillrud, D. Grass, J. M. Ross, D. Coulibaly, V. Slavkovich, D. Epstein, S. N. Sax, D.Pederson, D. Johnson, J.D. Spengler, H.J. Simpson, P. Brandit Rauf, Steel dust in the New York city subway system as a source of manganese, chromium and iron exposures for transit workers, J. Urban Health 2005, 82, 3342.

[3] Pope, C. A., 3rd Burnett, R. T. Thun, M. J. ; Calle, E. E. Krewski, D. Ito, K. , Thurston, G. D. Lung cancer, cardiopulmonary mortality, and long–term exposure to fine particulate air pollution. JAMA 2002, 287(9), 1132–1141.

[4] 王新如．地铁车站细颗粒物分布规律及运动特性研究[D]．北京：北京工业大学，2017.

[5] 郑宣传，魏运，陈明钿，高国飞，苏畅，于松伟．地铁典型换乘站换乘方式适配性评价研究[J]．都市快轨交通，2018，31（03）：33–39.

[6] 刘志广，张金伟，段婉玲．北京地铁金融街站与既有换乘站、规划车站换乘方案研究[J]．隧道建设，2016，36（12）：1492–1499.

[7] 于松伟，段俊萍．北京地铁宋家庄换乘站设计思路与实现[J]．都市快轨交通，2013，26（03）：1–5.

[8] 北京地铁“三线换乘”站牌亮相宋家庄枢纽[J]．市政技术，2011，29（01）：150.

第6章　地铁细颗粒物污染现状影响因素分析研究

基于前面3章的实测数据以及基本的分析，我们发现影响地铁内细颗粒污染物的因素众多。这些影响因素也反映了地铁细颗粒物的部分特性，对于特性的相关研究同样可看为预测以及阻隔污染物的前期准备工作。

6.1 地铁细颗粒物污染特性

6.1.1 组成

为了对地铁细颗粒物的组成成分进行研究，我们对其化学成分加以分析。通过对北京8号线奥体中心站的隧道（站台两端所处的位置）以及室外空气两个测点进行小于2.5μm颗粒物的采样。首先将样本1/3重量进行溶解，每个样品均按照如下的顺序进行溶解：3ml硝酸（优级纯，65%），1ml高氯酸（MOS级，70%～72%），1ml氢氟酸（MOS级，40%）。之后将消解罐置于干燥箱之中，将干燥箱温度设置为170℃，干燥时间为4h。之后消解罐拿出自然冷却，冷却后将消解罐放在电热板上进行两次赶酸过程，待到消解罐内剩最后一滴，向消解罐内加入1ml浓硝酸，并用高纯水清洗消解罐内壁和消解盖，并定容至10ml的比色管内，放在冰箱内4h保存。然后使用检测仪器ICP-AES（型号为ICAP 6300）检测地铁站内外PM2.5颗粒物中的金属化学元素组成成分以及含量。本次的检测主要针对金属元素，并且在检测的质量中，取含量最高的前十位金属元素，结果如下表6-1。

元素含量检测结果 表6-1

送样编号	隧道号	室外号
检测编号	E161040001	E161040002
Fe（μg）	507	292
Al（μg）	9615	9328
K（μg）	5170	4838
Na（μg）	20775	18730
Mn（μg）	14.6	16.4
Ca（μg）	8512	8208
Mg（μg）	650	560
Zn（μg）	6488	5758
检测编号	E161040001	E161040002
Ba（μg）	10830	9602
Pb（μg）	6.06	6.12

6.1.2 浓度

根据前面第3至第5章实测数据可以发现，地铁内细颗粒物的浓度最低时50μg/m³左右，最高时达到400μg/m³左右，且不同地铁站内不同位置实测值也有较大差异。但国内外研究表明，无论何处含铁的颗粒物都是地铁站台颗粒物中最多的。伦敦地铁中Fe/Si 颗粒物占到总颗粒物数目的53%，在PM2.5中，铁的氧化物颗粒物占到了总重量的67%。纽约地铁的PM2.5中，Fe含量达42%；赫尔辛基地铁PM2.5颗粒物中Fe含量占到了88%～92%；东京地铁颗粒物中Fe占总悬浮颗粒物的74%。研究还表明，细颗粒物的质量浓度也随时间发生变化，不同的月份对于室外大气中PM2.5的浓度含量产生一定差异。例如，供暖月份北方取得空气质量普遍较差，这导致室外的颗粒污染物进入到地铁内，使地铁内细颗粒物浓度增多。当然，实测的时段对于实测的地铁颗粒物浓度也会产生影响，高峰时段人的活动较为频繁，且车与车轨摩擦次数增多，都会对细颗粒物的浓度实测结果产生差异。

6.1.3 变化

地铁细颗粒物的浓度和成分受众多因素影响而产生变化，为深入探究地铁内细颗粒物的变化，我们先对大气中细颗粒物的变化进行了解。

大气中细颗粒物的来源比例随四季变化而变化，如图6-1 PM2.5四季CMB污染源解析图。鉴于地铁内的细颗粒物部分来自室外，因此大气中的细颗粒物四季来源变化也会使地铁内细颗粒物发生变化。

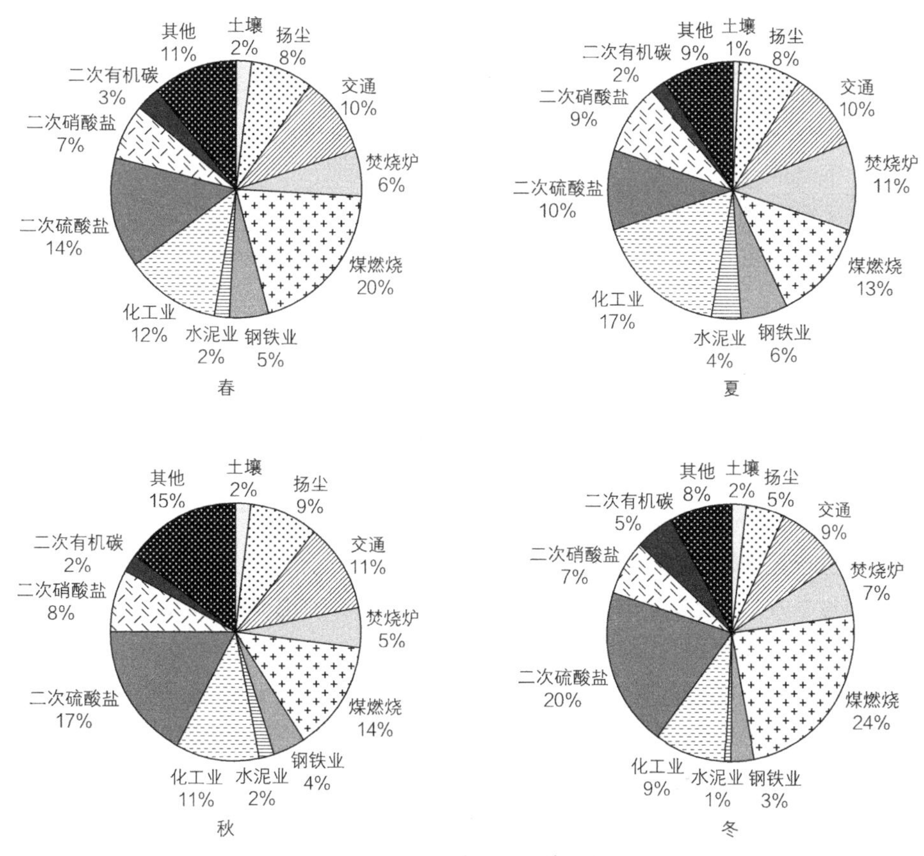

图6-1 PM2.5四季CMB污染源解析图

大气内细颗粒物来源不同，自然就导致细颗粒物的组成成分发生变化。水溶性离子受季节环境特性的影响，阴阳离子在四季有着明显的区别。如图6-2 PM2.5水溶性离子四季组成差异图所示，春夏两季水溶性离子含量最高的是NH_4^+，而到了秋冬季，SO_4^{2-}成了PM2.5中含量最高的水溶性离子。

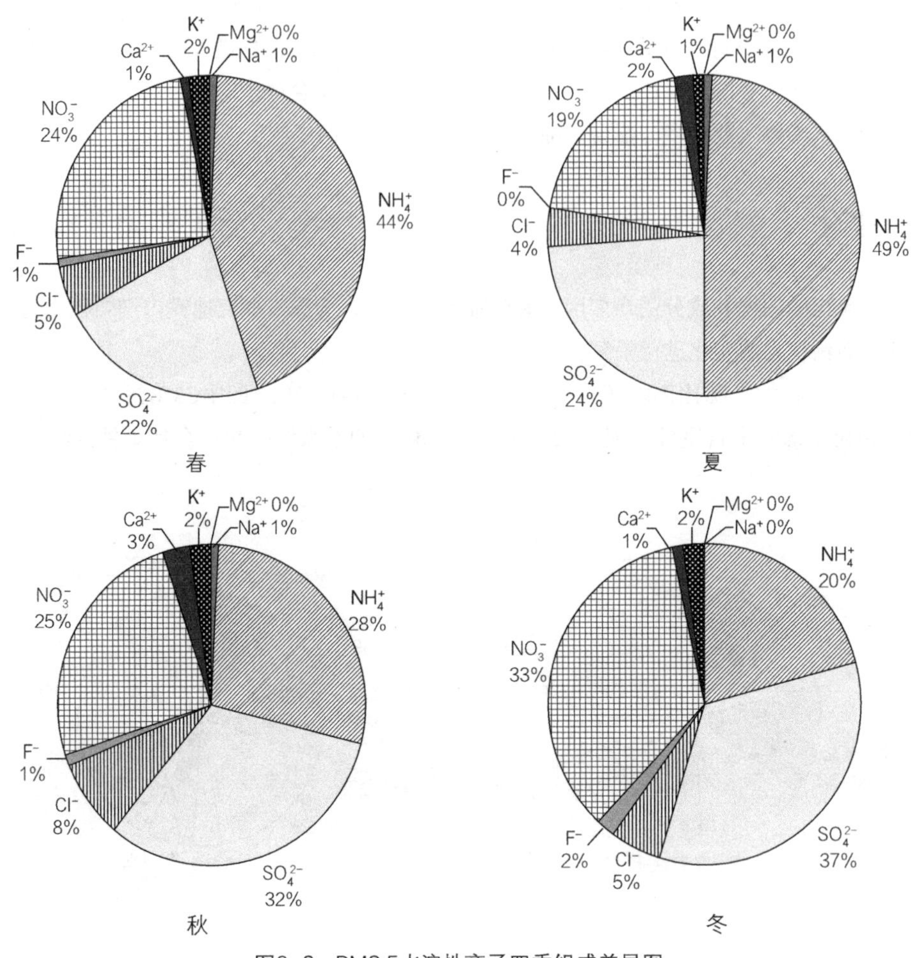

图6-2 PM2.5水溶性离子四季组成差异图

由于颗粒物中的离子成分主要由人类活动产生，而人类活动在日间和夜间的表现方式不同，活动量也不同，因此造成离子成分在日夜间的分布也不同。

对于细颗粒物中的无机盐成分，也同样受季节变化的影响，如图6-3 PM2.5中无机元素四季分布特征图。其中Fe元素在PM2.5中冬季高，秋季低。Pb在冬季含量较高，说明此季节燃煤排尘贡献较大，燃煤排放的颗粒物多为细粒尘。

受颗粒污染物排放源性质和特定天气条件的影响，大气颗粒物中碳成分的质量浓度呈现了明显的季节性差异，夏季最低，冬季最高，春秋季节相差无几。

通过上述大气中细颗粒物的变化，结合前面第3至第5章的实测工作，在下节将对影响地铁内细颗粒物的相关因素进行介绍。

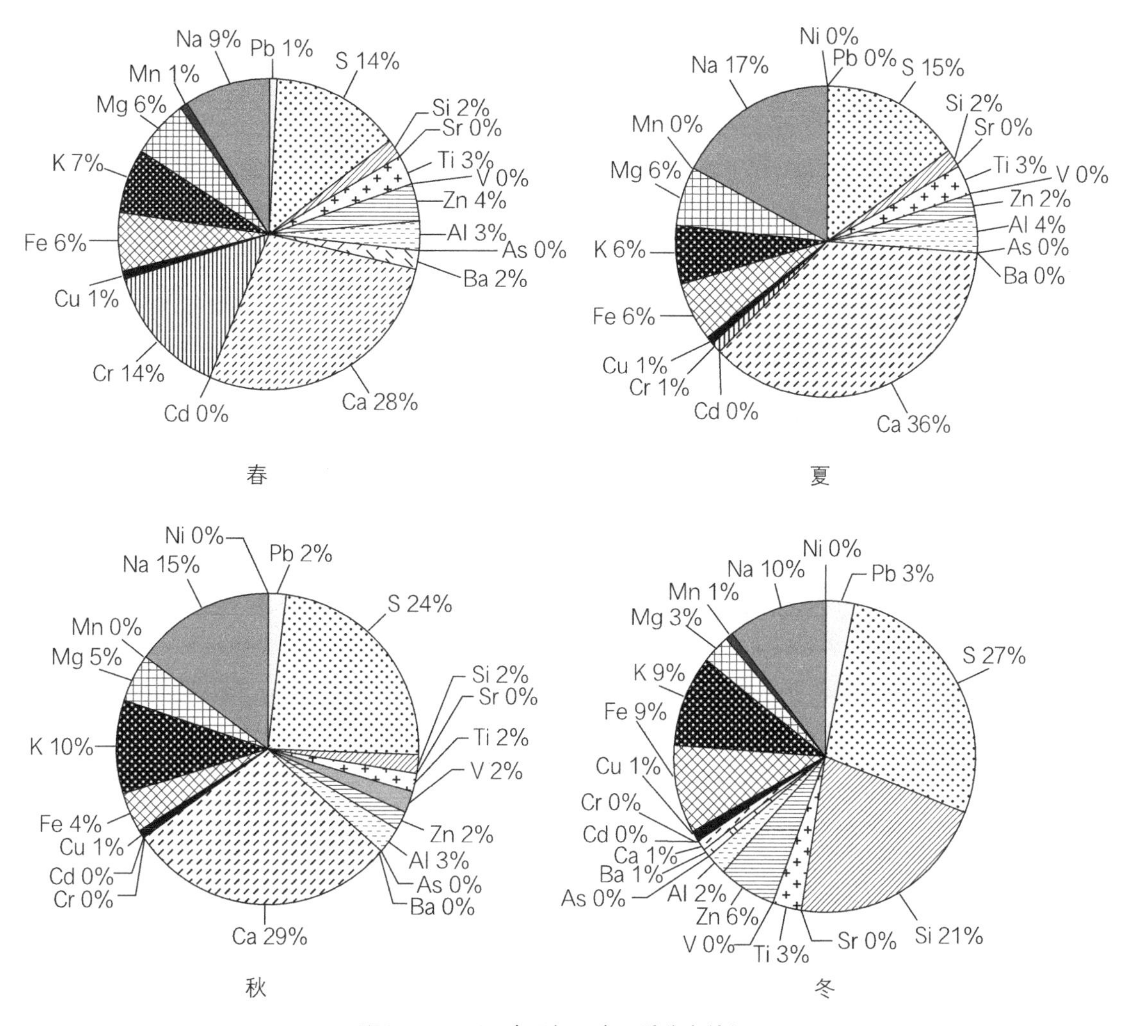

图6-3 PM2.5中无机元素四季分布特征图

受颗粒污染物排放源性质和特定天气条件的影响，大气颗粒物中碳成分的质量浓度呈现了明显的季节性差异，夏季最低，冬季最高，春秋季节相差无几。

通过上述大气中细颗粒物的变化，结合前面第3至第5章的实测工作，在下节将对影响地铁内细颗粒物的相关因素进行介绍。

6.2 地铁细颗粒物污染影响因素

通过第3至第5章对实际地铁颗粒物的大量数据测量，以及第3至第5章对实测数据的初步分析，得出可能影响地铁颗粒物浓度的相关影响因素。本章对这些影响因素通过SPSS 22.0作进一步数据分析。

SPSS 22.0全称Statistical Package for Social Science，即社会科学统计软件。SPSS是当今世界上最优秀的统计软件之一，提供先进成熟的统计方法，并与其他软件能够很好地交互，因此被广泛应用于经济管理、医疗卫生、自然科学等领域。

通常可以根据变量的相关程度将相关性划分为三种：完全不相关、不完全相关以及完全相关。在进行回归分析之前往往先要进行相关性分析，这是因为变量间的相关性程度可以通过回归方程的系数进行表示，并且相关系数就是回归方程所确定的系数的平方根。然而如果两个变量之间的相关性较弱，那么便失去了做回归曲线方程的意义，因此在进行回归分析之前必须要先进行相关性分析。相关性系数的计算方法多种多样，本文采用的是Pearson简单相关系数法，简单相关系数$-1 \leqslant r \leqslant 1$，r的绝对值表明越接近于1，两个因素间的密切程度就越强。其中$0<r<1$表明两个变量间存在正相关；$-1<r<0$表明两个变量间存在负相关；$r=0$表明两个变量间无线性相关关系。而显著性检验用于判断两个变量是否相关。假设两个变量间不存在显著性相关关系，若计算得出的显著性p值小于显著性水平0.05（在统计学领域中，0.05的p值通常被认为是可接受错误的边界水平），则拒绝原假设，认为两个变量之间的相关性效果显著。否则，则需要接受原本的假设，认为两个变量之间不存在显著的相关关系。由于本文在分析前并不知道变量间的正负相关性，因此选择单尾检验进行显著性检验。

若随机变量X、Y的联合分布是二维正态分布，x_i和y_i分别为n次独立观测值，则计算ρ和γ的公式定义为公式（6–1）和公式（6–2）。

$$\rho = \frac{E[X-E(X)][Y-E(Y)]}{\sqrt{D(X)}\sqrt{D(Y)}} \tag{6–1}$$

$$\gamma = \frac{\sum_{i=1}^{n}(x_i-\bar{x})(y_i-\bar{y})}{\sqrt{\sum_{i=1}^{n}(x_i-\bar{x})^2}\sqrt{\sum_{i=1}^{n}(y_i-\bar{y})^2}} \tag{6–2}$$

其中，$\bar{x}=\frac{1}{n}\sum_{i=1}^{n}x_i$，$\bar{y}=\frac{1}{n}\sum_{i=1}^{n}y_i$

样本相关系数γ为总体相关系数，ρ的最大似然估计量。简单相关系数γ有如下性质：γ的绝对值越接近于1，表明两个变量之间的相关程度越强。$\gamma=0$表明两个变量之间无线性相关。

方差分析是假设检验中的一种，它把观测总变异的平方和自由度分解为对应不同变异来源的平方和自由度，将某种控制因素导致的系统性误差和其他随机性误差进行对比，从而推断各组样本之间是否存在显著性差异以分析该因素是否对总体存在显著性影响。方差分析法采用的是从总离差平方和中分解出的部分离差平方和对变差进行度量的方法进行统计分析。

6.2.1 室外浓度变化

通过第3至第5章的具体实测以及实测后相关数据的分析图表，可明确看出，在室外浓度低于地铁内浓度时，地铁的车站，站台、站厅、车厢浓度只在车辆进出隧道时，产生小范围的颗粒物波动；当室外浓度与地铁内浓度相近时，地铁浓度也只产生小范围的波动。但当室外浓度明显高于地铁内浓度时，不论站台、站厅还是车厢，其内部颗粒物浓度都受到室外高浓度影响，浓度增加，并仍伴有小幅度波动。本书猜测波动来自列车进出隧道时所引起的地铁内外空气交换，使空气中的颗粒物浓度产生差异，并且，列车进出隧道还可能致使隧道内颗粒物悬浮，造成浓度的波动。

为了更为直观展示室外颗粒物浓度对站台浓度的影响，本节对8号线开往朱辛庄方向南锣鼓巷站站台及室外PM2.5浓度进行同时监测，测试时长30min。测试完成后对各测点测试数据取均值后再进行分析。

测试结果如图6-4所示。测试结果表明，站台PM2.5浓度随着室外PM2.5浓度的变化而变化，当室外PM2.5浓度数值增大时，站台PM2.5浓度数值也会相应地随之增大；当室外PM2.5浓度下降时，站台浓度也会相应地下降。

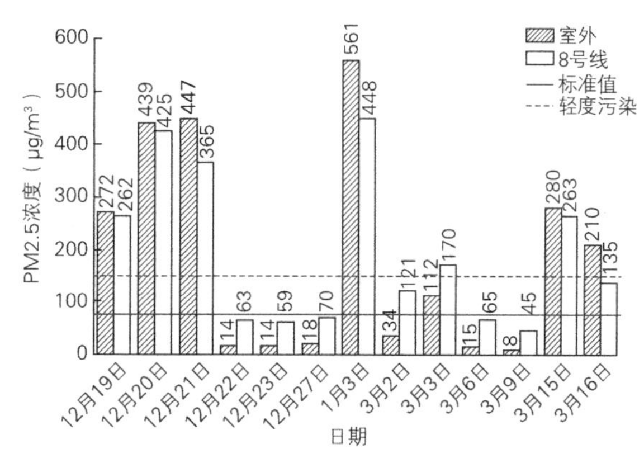

图6-4 站台与室外PM2.5浓度对比图

此外，从图6-4中可以看出，当室外空气质量劣于轻度污染时，站台PM2.5浓度小于室外浓度；当室外空气质量优于等于轻度污染时，站台颗粒物浓度反而高于室外浓度。由于地铁属于地下封闭式结构，通风较差，而现有的通风方式无法对积累在地铁站台的颗粒物进行及时的消散，导致当室外空气质量转好时，地铁站内的颗粒物浓度反而大于室外。因此，亟需对地铁站台采取有效的通风手段，减少地铁站内颗粒物的积累。

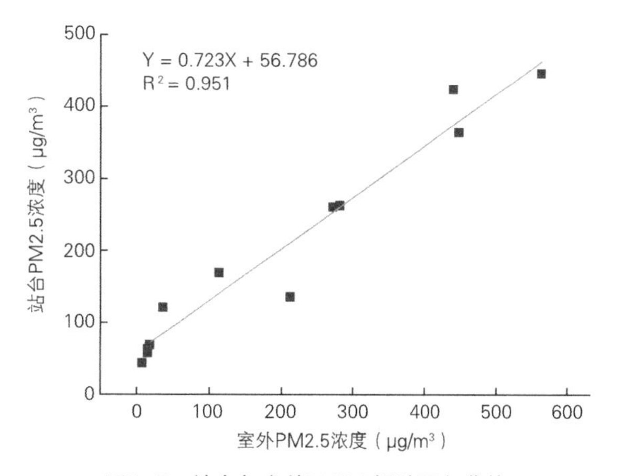

图6-5 站台与室外PM2.5相关回归曲线

利用SPSS22.0进行线性回归分析，拟合曲线如图6-5所示。室外与站台的PM2.5浓度回归方程为Y＝0.723X＋56.786。并得到相关系数为R2＝0.951，相关系数R2越接近1，回归方程显著性越好，说明站台PM2.5和室外PM2.5有极强的正相关性，即随着室外PM2.5浓度的增大，站台PM2.5的浓度也会增大。因此，该回归方程模型准确地表达了室外和站台的PM2.5浓度相关关系，即室外和站台PM2.5浓度呈现高度线性相关。

6.2.2 环控系统

由于地铁的颗粒物浓度受通风情况影响，而地铁不同的环控系统决定了地铁的通风类型，因此，地铁内的颗粒物浓度极可能与环控系统相关。

本节根据实测北京地铁6号线以及8号线，6号线站台为全高安全门系统，8号线除朱辛庄站为地上高架站台外，其余站均为屏蔽门系统。通过对这两条线路实测数据的对比分析，总结出不同地铁环控系统间颗粒物浓度分布规律的区别与特点。

图6-6、图6-7为屏蔽门系统站台和全高安全门系统站台PM2.5和PM10连续一周浓度实测对比柱状图。其中，6号线为全高安全门系统，8号线为屏蔽门系统。每条线路各选取客流量相当的6个站点（每个站点每5min上、下列车的人数约为60人），对两条线路的PM2.5和PM10浓度同时进行测试。选取6号线和8号线的交会站南锣鼓巷站作为室外测点，测点布置如图5-9所示，整个测试处于列车平峰期，每个站台的测试时长为10min，之后对每条线路的所有测试站点取平均值，以此代表此条线路的最终值。

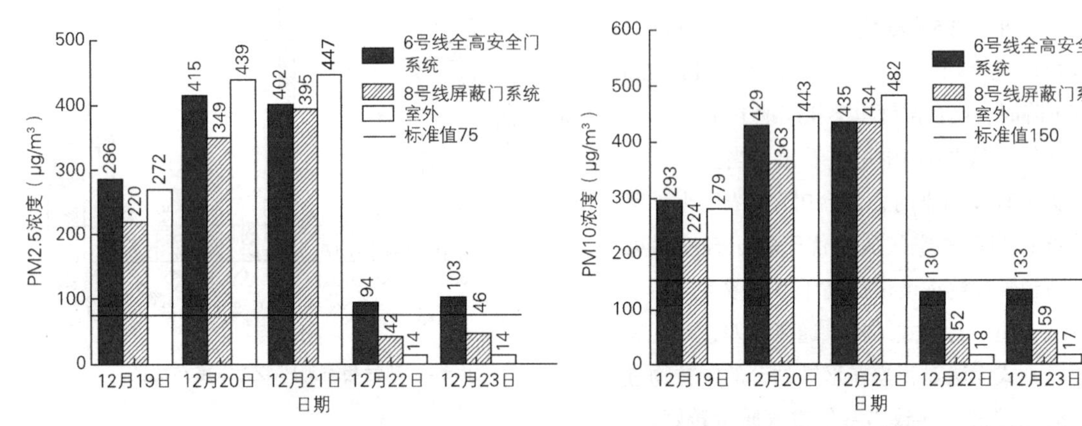

图6-6 全高安全门系统与屏蔽门系统地铁站台PM2.5浓度对比

图6-7 全高安全门系统与屏蔽门系统地铁站台PM10浓度对比

从图6-6、图6-7中可以看出，与室外天气环境无关，全高安全门系统站台的PM2.5浓度和PM10浓度都远远高于屏蔽门系统。其中，全高安全门系统PM2.5浓度的最大值是415μg/m³，约为标准值的5.53倍；最小值94μg/m³，是标准值的1.25倍，均高于GB 3095-2012规定的日平均值75μg/m³。而屏蔽门系统PM2.5浓度的最高值是395μg/m³，是标准值的5.26倍；最小值为42μg/m³，最小值并未超过国家标准。而全高安全门和屏蔽门系统的PM10浓度的最小值均未超过国家标准规定的150μg/m³。由于两条线路运营时间较为接近，客流量基本一致，又是同时进行测试，选择测试的各站点站台的结构也一致，因此造成测试结果不同的原因就在于环控系统的不同。6号线为全高安全门系统，站台环境深受列车活塞风的影响，隧道内积累的灰尘以及各种颗粒物会随着活塞风进入站台，积累在站台，从而使站台空气质量下降。而8号线为屏蔽门系统，隧道与站台隔离，几乎不受活塞风的影响，因此隧道内的颗粒物无法对站台进行污染，所以屏蔽门系统PM2.5和PM10的浓度值远低于全高安全门系统。因此加装屏蔽门可能对降低站台颗粒物浓度有所帮助。

图6-6、图6-7中另一个显著的趋势是，无论哪种环控系统，当室外颗粒物浓度升高时，站台内颗粒物浓度也会升高；当室外颗粒物浓度下降时，站台内浓度也会下降，站台颗粒物浓度深受室外大气环境的影响。而当室外颗粒物浓度值非常低时，地铁站台的浓度反而会高于室外。如图中12月22日和23日结果所示，造成这种结果的原因可能在于前一段时间室外空气污染较为严重，而当室外天气转好时，地铁由于其半封闭式的地下结构，通风较差，导致颗粒物在地铁站内积累，无法及时排除，造成站内高于室外的结果。

对屏蔽门系统，全高安全门系统、地上高架系统站台的颗粒物浓度与室外颗粒物浓度的相关性进行线性回归方程分析，并进行线性方程拟合，结果如图6-8、图6-9、图6-10所示。

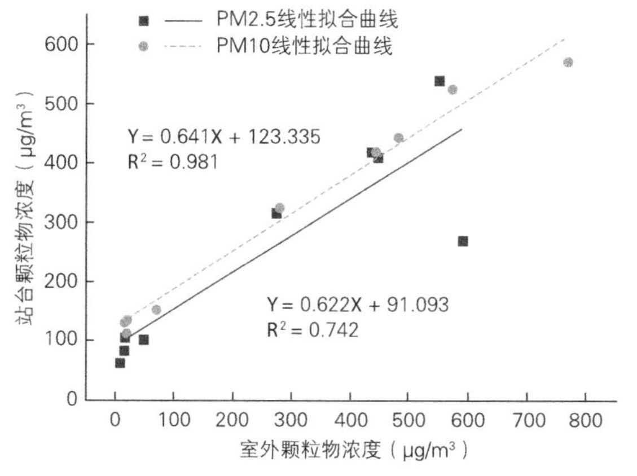

图6-8 安华桥站（屏蔽门）站台与室外颗粒物浓度线性分析图

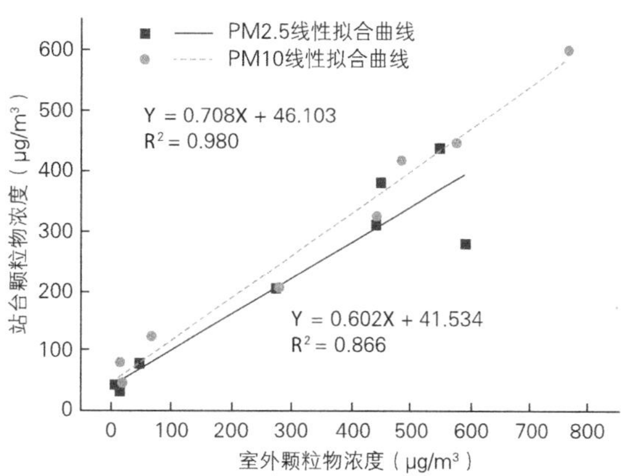

图6-9 东大桥站（全高安全门）站台与室外颗粒物浓度线性分析图

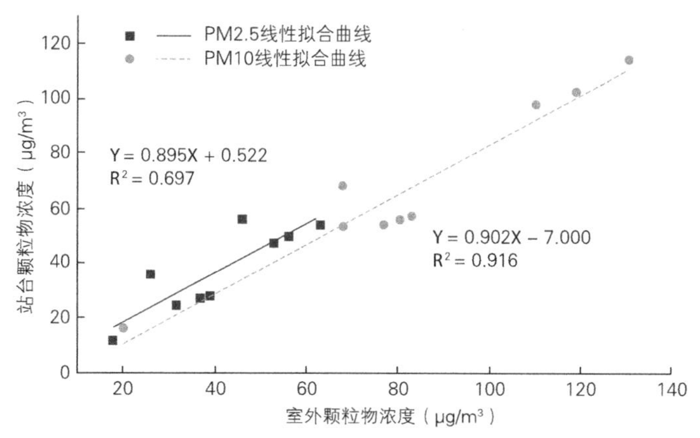

图6-10 朱辛庄（地上）站台与室外颗粒物浓度线性分析图

图6-8、图6-9、图6-10分别为安华桥（屏蔽门）、东大桥（全高安全门）、朱辛庄（地上高架）各站台PM2.5和PM10与室外PM2.5和PM10浓度线性拟合曲线。从图中可以清晰地看出，除去个别点偏差较大，其余点均匀布在直线两旁，直观的说明了站台颗粒物浓度与室外颗粒物浓度呈线性关系，拟合结果较好。

表6-2是对地铁东大桥站（全高安全门系统）、安华桥站（屏蔽门系统）、朱辛庄站（地上高架系统）站台PM2.5和PM10与室外PM2.5和PM10进行回归分析后的统计图表。

其中，东大桥站的PM2.5线性回归方程为Y＝0.622X＋91.093，PM10线性回归方程为Y＝0.641X＋123.335；安华桥站PM2.5的线性回归方程Y＝0.602X＋41.534，PM10的线性回归方程为Y＝0.708X＋46.103；朱辛庄站的PM2.5线性回归方程Y＝0.895X＋0.522，PM10线性回归方程为

Y＝0.902X－7.000。相关系数R^2的范围为0.697–0.981，均接近1，说明与站台系统形式无关，站台颗粒物浓度与室外颗粒物浓度有着极强的相关性，站台颗粒物极有可能源于室外街道。Aarnio 等人对地铁站台的监测测试结果也表明，地铁站台颗粒物主要源于室外街道交通产生的颗粒物，此结果与相关性分析结果一致。所有方程的显著性均小于0.05，说明回归方程显著性好，准确性较高。两个变量之间的相关程度可以通过回归方程的系数进行比较，系数越接近于1，两个变量的联系越密切。从表中可以看出，东大桥站PM2.5系数为0.622，安华桥PM2.5系数为0.602，朱辛庄站PM2.5系数为0.895，即朱辛庄（地上高架）＞东大桥（全高安全门）＞安华桥（屏蔽门）；东大桥站PM10系数为0.641，安华桥站PM10系数0.708，朱辛庄系数为0.901，即朱辛庄（地上高架）＞安华桥（屏蔽门）＞东大桥（全高安全门）。无论是PM2.5还是PM10，地上高架站台的系数都远远大于其他两个类型的站台，说明地上高架站台的颗粒物与室外颗粒物有着极强的相关性，相较于其他两种形式的站台更易受到室外颗粒物浓度变化的影响。这一结果与第三章的实际测试结果分析保持一致。而对于PM2.5来说，全高安全门又大于屏蔽门，这是因为屏蔽门完全与隧道相隔，几乎为一个封闭空间，而全高安全门与隧道相通，从隧道渗入室外的颗粒物又对站台产生影响。这一结果也与第3章的实际测试分析结果一致。

不同环控系统站内颗粒物与室外颗粒物相关性分析表　　表6-2

站点	颗粒物种类	方程	R	修正后R^2	显著性
东大桥（全高安全门）	PM2.5	Y＝0.622X＋91.093	0.880	0.742	0.002
	PM10	Y＝0.641X＋123.335	0.992	0.981	0.000
安华桥（屏蔽门）	PM2.5	Y＝0.602X＋41.534	0.940	0.866	0.000
	PM10	Y＝0.708X＋46.103	0.991	0.980	0.000
朱辛庄（地上高架）	PM2.5	Y＝0.895X＋0.522	0.857	0.697	0.003
	PM10	Y＝0.902X−7.000	0.963	0.916	0.000

6.2.3 站台结构

本节针对不同形式的站台，采用在室外条件相似的工况下进行分析，对比车站选取为5号线宋家庄站和10号线国贸站。宋家庄地铁站站台均属于侧式站台，其余站台均为岛式站台。两条线的开通时间相差不到一年，并且均为换乘站，对比时室外条件如下表6–3。测试时两不同车站均属于过渡阶段，空调系统的运行模式为通风工况。

测试时间以及室外条件　　表6-3

车站	日期	PM1.0	PM2.5	PM10	Temp	Humi
宋家庄	2016.03.10	7	8	9	21	5
国贸	2016.03.23	4	5	6	23	9

站台构造不同的站PM2.5浓度对比　　表6-4

日期	地点	PM1.0	PM2.5	PM10	>0.3μm	>2.5μm	>10μm	Temp	Humi
2016.03.10	5号线终点站	43	70	86	7341	61	5	21	9
	5号线起始站	20	31	38	3505	24	2	19	7
2016.03.23	10号线国贸	12	20	23	2539	16	1	25	12

两者对比结果如上。从表6-3和表6-4中可以看出岛式站台国贸站PM2.5比侧式站台宋家庄站的PM2.5浓度低。表中国贸站PM2.5浓度远低于宋家庄站，站台的构造形式不同，会直接影响列车活塞风对站台造成影响。同时结合5号线终点站的浓度在相同的外在条件下高于始发站，是由于站台的大小决定的，终点站的宽度是始发站的一半；因此在列车频率、站台结构、空调系统等外在因素相同的情况下，终点站的浓度要高于始发站，并且数值大约是一倍。综合以上的分析表明站台构造的不同会直接或者间接影响站台PM2.5的浓度。

6.2.4 列车频率

地铁列车运行的频率变向反映着隧道与站台进行交换的频率，因此，列车运行的频率也可能对站台颗粒物浓度造成影响。

为了研究列车频率对地铁站台颗粒物浓度的影响，对北京地铁8号线平峰期和高峰期时各站台的PM2.5浓度进行实测。平峰期列车频率为每7min一辆，高峰期列车频率为每4min一辆。平峰期测试时间从下午1点开始，高峰期测试时间从下午5点开始，每个站台的测试时长约为10min，测试完成后分别对平峰期、高峰期各站台测试数据取均值后进行比较分析。本次测试共选取8个测试车站，从南锣鼓巷站到奥林匹克公园站。测试当日室外PM2.5浓度数值是11μg/m^3，室外空气质量为优。从图6-11中可以看出，此日站台PM2.5浓度均高于室外，且个别站台污染较为严重。通过询问地铁相关人员得知，测试当天南锣鼓巷站及什刹海站的通风系统正在进行维修，并未进行通风，导致积累在站内的颗粒物无法及时排出，因此污染较为严重。另外，从图6-8中还可看出除鼓楼大街站外，高峰期PM2.5浓度远远高于平峰期。通过查询得知鼓楼大街站于2015年开始运营，与其他站相比运营时间较短，站内设施较好，通风环境明显优于其他站台。因此，在列车频率发生改变时PM2.5浓度只产生小幅度上升。因此可以认为列车频率的改变会对站台PM2.5浓度产生影响。列车频率的增加，会造成站台PM2.5 浓度相应的上升。

6.2.5 客流量

客流量对地铁站内PM2.5浓度的影响在于乘客在地铁站内上下车走动造成颗粒物的二次悬浮，以及乘客进入地铁站时附着在衣物上的污染物也随之进入站内，使站内颗粒物浓度发生变化。因此，为了研究客流量对站台PM2.5浓度的影响，对8号线的所有站台的测试值取均值，作为此条线路的代表性数值，与每日客流量进行对应，绘制客流量与PM2.5浓度变化双轴折线图，结果如图6-11所示。

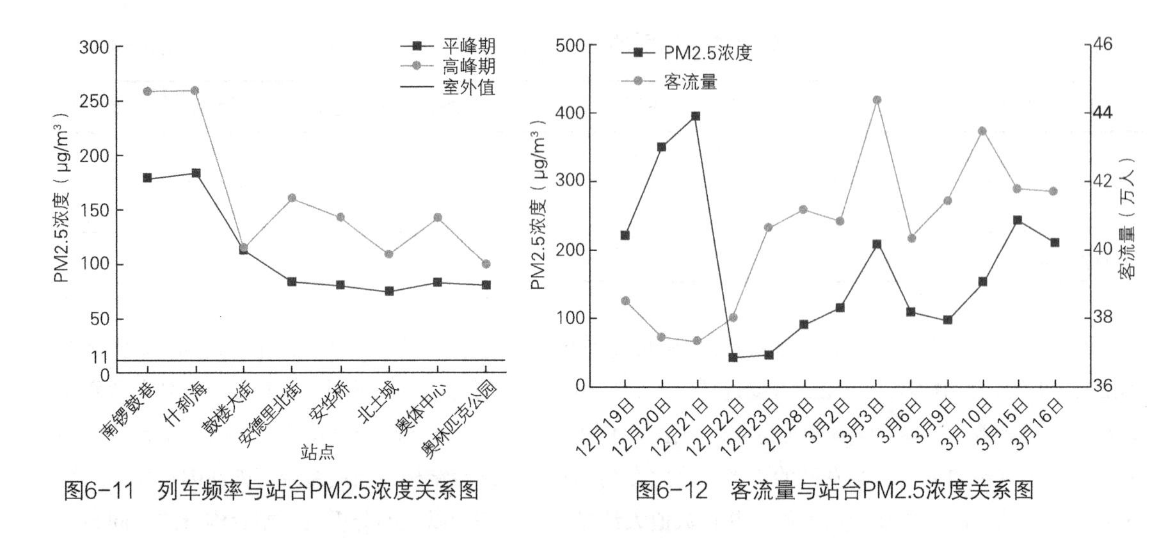

图6-11 列车频率与站台PM2.5浓度关系图

图6-12 客流量与站台PM2.5浓度关系图

从图6-11中可以看出PM2.5的浓度并未随客流量的变化产生明显的变化规律，即PM2.5浓度并没有随着客流量的增加或减少而发生显著的上升或下降。表6-5为客流量与PM2.5浓度相关性分析结果。其中，PM2.5日平均浓度为175μg/m³，日客流量为41万/日。相关系数r为0.334，显著性单尾检验p值为0.133，大于0.05，说明客流量与PM2.5浓度变化不相关。因此，客流量对PM2.5浓度并无显著影响。

客流量与站台PM2.5浓度相关性分析表 表6-5

PM2.5日平均浓（μg/m³）	日平均客流量（万人/日）	相关系数r	显著性（单尾验证）p
175	41	0.334	0.133

6.2.6 地铁运营年限

为了研究运营时长对地铁站台PM2.5浓度的影响，排除其他因素的影响，选取北京地铁8号线的3个开通时间不同的站台进行对比研究。地铁站北土城开通于2008年，安华桥站开通于2012年，安德里北街站开通于2015年。将不同室外空气质量下测得的这三个站台的颗粒物浓度进行比较，结果如图6-13、图6-14所示。

图6-12为室外空气质量严重污染时的地铁站台PM2.5浓度对比图，从图6-14中可以发现根据年限对比分析，此时这三个站台并没有呈现出明显的变化规律。这可能因为室外空气质量为严重污染，站台PM2.5浓度受到了室外PM2.5浓度的极大影响，因此自身运营年限产生的影响并不明显。

图6-14是室外空气质量为优时的地铁站台PM2.5浓度对比图。从图6-13中可以看出，此时站台PM2.5浓度随着地铁运营时长的增加而增加。特别的是，开通于2008年的北土城站的PM2.5浓度明显高于开通于2015年的安德里北街站台，高出了将近一倍之多。因此，在室外空气质量为优时，随着运营时长的增加地铁站台PM2.5浓度也会增加。

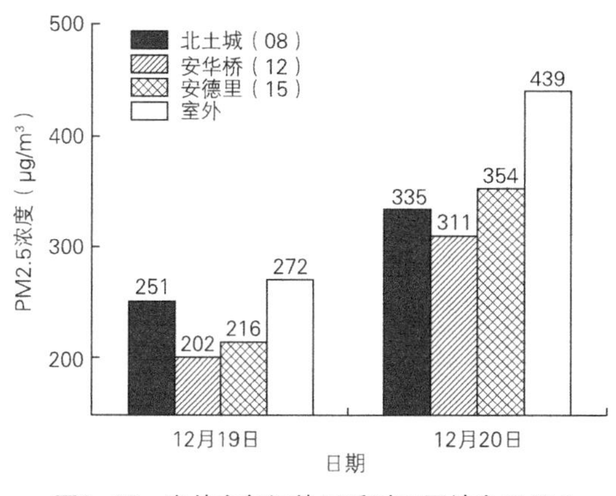

图6-13 室外空气污染严重时不同站台PM2.5浓度对比图

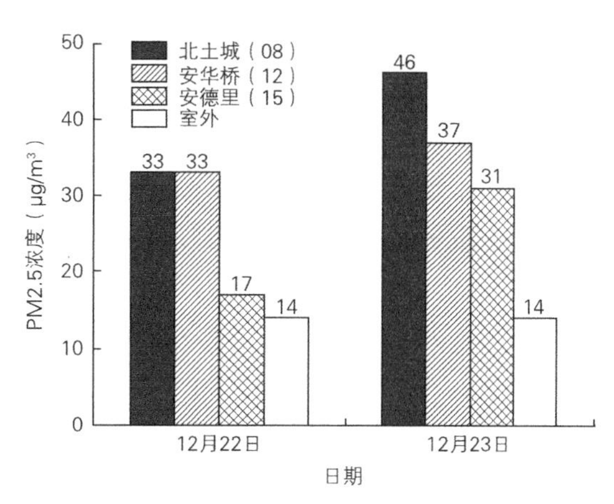

图6-14 室外空气质量为优时不同站台PM2.5浓度对比图

6.2.7 季节性变化

图6-15为北京市2016年2～12月室外PM2.5、PM10月平均浓度折线变化图。从图中可以看出浓度的最高值出现在3月和12月，其中从10月起数据明显开始上升。浓度最低值处于6月、7月、8月三个月，也就是夏季室外颗粒物浓度最低。由此可以看出，春冬两个季节室外颗粒物浓度较高，而夏秋两个季节室外颗粒物浓度较低，说明室外颗粒物浓度也受季节性影响。

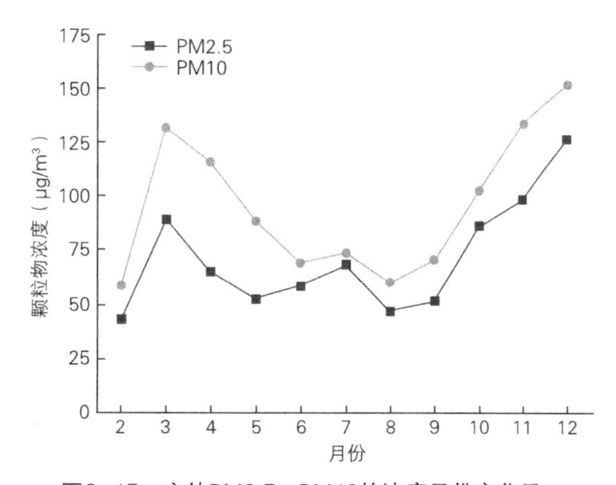

图6-15 室外PM2.5、PM10的浓度月份变化量

本书仅通过已有数据分析了季节对室外颗粒物浓度的影响，产生这种变化的可能原因在于冬季和春季需要供暖，一些不环保的燃烧供暖方式可能加剧了室外颗粒物浓度增长。由于实测时间条件限制，季节性因素作用于地铁内颗粒物浓度的影响，仍需进行较长期实测及分析研究。在后续的课题研究中，还将继续进行监测夏季和秋季的数据，研究地铁站台颗粒物浓度是否随季节发生波动。

6.2.8 温湿度

地铁内的温湿度影响着乘客的舒适度，是地铁空气品质至关重要的一环。通过6.2.7节可发现，季节与地铁内颗粒物浓度具有一定相关性，而温湿度又随季节变化产生一定变化，那么温湿度是否会对地铁内颗粒物浓度造成影响，本节利用SPSS 22.0通过相关性分析、单因素方差分析、多因素方差分析研究温湿度对地铁颗粒物浓度的影响。

在进行因素分析前，先对温湿度与站台PM2.5浓度进行相关性分析。分析结果如表6-6所示，其中，温度的显著性（单尾检验值）p值为0.018<0.05；湿度的显著性p值为0.000<0.05。温度和湿度的显著性p值均小于显著性水平0.05，说明温度和湿度均和站台PM2.5浓度有相关关系。其中温度的简单相关系数r为-0.373，接近于0，说明温度与站台PM2.5浓度呈负相关，但相关性并不明显。而湿度的简单相关系数r为0.892，接近于1，说明湿度与站台PM2.5浓度有显著的正相关性。

温湿度与站台PM2.5浓度相关性分析表　　表6-6

因素	简单相关系数r	显著性（单尾检验）p
温度	-0.373	0.018
湿度	0.892	0.000

多因素方差分析通常可以用于分析两个或两个以上的控制变量是否对多组样本的均值产生了不同的差异影响。与单因素方差分析相比多因素方差分析不仅研究了单个因子对样本数据的影响作用，还通过协方差分析研究了变量间的交互影响作用。在进行多因素方差分析时需要先进行Levene同质性检验分析，即方差齐次性检验。只有当Levene检验的显著性p值大于0.05，即数据不存在组间差异和个体差异时才可进行下一步多因素方差分析，否则只能针对单一变量进行单因素方差分析进行比较。如表6-7所示，多因素方差分析的Levene检验p值为0.008<0.05，因此不再进行后续分析，以单因素方差分析结果为主。与多因素方差分析相同，在进行单因素方差分析前也需先进行Levene同质性检验分析。但与多因素分析相比，若Levene检验的显著性p值不满足要求，数据呈非齐次性，单因素方差分析可采用数据统计量的Welch、Brown-Forsythe分析进行结果的比较判断。单因素方差分析结果如表6-7所示，其中温度样本的Levene检验p值为0.516>0.05，说明样本数据间的方差是齐次的。F值为1.405，显著性p值为0.252>0.05，说明不同温度对PM2.5浓度无显著影响（假设自变量取不同因素水平时，因变量均值无显著性差异。当显著性p值<0.05时，则拒绝原假设，认为样本存在显著性的差异；否则，接受原假设）。湿度的p值为0.000<0.05，所以需要进行Welch、Brown-Forsythe结果分析。Welch分析的显著性p值为0.002<0.05，说明湿度对PM2.5浓度有显著影响；Brown-Forsythe分析的显著性p值0.205>0.05，说明湿度对PM2.5浓度无显著影响。当两个分析结论不同时，应当取不利于结果的结论，因此认为湿度对PM2.5浓度无显著影响。综合以上分析，本文认为温度及湿度均对站台PM2.5浓度无显著影响。

温湿度与站台PM2.5浓度因素分析表　　表6-7

方法	Levene检验p	参数	F	显著性p
多因素方差分析	0.008	—	—	—
	0.516	温度	1.405	0.252
单因素方差分析	0.000	湿度	—	—
	—	—	Welch	0.002
	—	—	Brown-Forsythe	0.205

6.3 本章小结

本章通过分析地铁内细颗粒物的成分，结合大气中细颗粒物的变化特性以及第3章到第5章的实测数据，进一步分析得到地铁细颗粒物的相关影响因素。这些影响因素有室外污染的变化情况、地铁的运营年限、环控系统、站台结构、列车频率，以及季节性气候变化和温湿度的变化，并通过实测数据对影响因素进行了相关性分析。

参考文献

[1] Englert Norbert. Fine particles and human health-a review of epidemiological studies. [J]. Toxicology Letters, 2004, 149 (1-3).

[2] 钱华，戴海夏．室内空气污染与人体健康的关系[J]．环境与职业医学，2007（04）：426-430.

[3] 刘猛，李小园，封超．SPSS19.0统计分析综合案例详解[M]．清华大学出版社，2014.

[4] 陈胜可，清华大学出版社．SPSS统计分析从入门到精通[M]．清华大学出版社，2013.

[5] 程兴宏，徐祥德，安兴琴等．2013年1月华北地区重霾污染过程SO_2和NO_x的CMAQ源同化模拟研究[J]．环境科学学报，2016，36（2）：638-648.

[6] 盛骤，谢式千，潘承毅．概率论与数理统计第四版[M]．高等教育出版社.

[7] 郝丽，刘乐平，申亚飞．统计显著性：一个被误读的P值——基于美国统计学会的声明[J]．统计与信息论坛，2016，31（12）：3-10.

[8] 谢文采．关于如何确定样本相关系数（r）相关程度的商榷[J]．中国畜牧杂志，1988（2）：34-35.

[9] 杜强．SPSS统计分析从入门到精通[M].清华大学出版社，2015.

[10] 夏敏慧，叶国雄．改进双因素方差分析中离差平方和计算方法的研究[J]．武汉体育学院学报，1997（1）：79-84.

[11] 曹昭．关于方差分析的“直观思想”与“数学思想”辨析[J]．统计与决策，2014（10）：238-239.

[12] 龚江，石培春，李春燕．使用SPSS软件进行多因素方差分析[J]．农业网络信息，2012（4）：31-33.

[13] 王新如．地铁车站细颗粒物分布规律及运动特性研究[D]．北京：北京工业大学，2017.

[14] 王姣姣．寒冷地区某地铁屏蔽门系统站台颗粒物浓度分布实测研究与模拟分析[D]．陕西：长安大学，2017.

[15] 黄丽坤，王广智．城市大气颗粒物物组分及污染[M]．化学工业出版社.

第7章　地铁细颗粒物污染浓度预测与防控

研究地铁空气中细颗粒物的根本目的，即是减少人们对细颗粒物的吸入量。有效预防细颗粒物的吸入以及减少空气中的细颗粒物浓度是防止乘客受到地铁细颗粒物损害的两种方式。考虑到地铁结构复杂，形式多样，各个地铁站内以及车厢由于多种区别，浓度值也有较大差异，所以实时监测并不现实。要想做到有效的预防细颗粒物的吸入，就需要进行预测工作，使市民了解地铁内的颗粒物浓度以便更安全健康出行。而对于减少空气中的细颗粒物浓度则是从源头解决了地铁内细颗粒污染问题，需要研究人员对除尘技术进行改进与创新，从而更有效地解决地铁内细颗粒污染物的威胁。

7.1 大气细颗粒物污染防控措施

大气颗粒物的防治分为两部分，一个层次内容是对于还没有产生的颗粒物采取防范；另一层次内容是对于已经产生的颗粒物进行治理。

对于还没有产生的污染，政府从政策上进行控制管理部署，结合大气颗粒物的相关研究以及《环境空气细颗粒物污染综合纺织技术政策》，本书归纳为三个方面：

（1）建立以颗粒物污染控制为基础的空气质量管理体系

建立城市环境空气质量达标管理机制，促进颗粒物的浓度达标。鉴于细颗粒物污染特征存在显著区域差异，借鉴发达国家经验，建立以颗粒物浓度达标为目的的城市空气质量管理机制，要求空气中PM2.5年均浓度未达国家二级标准的城市制定城市空气质量达标计划，确定城市空气质量改善目标和控制任务，建立健全评估考核机制，促进城市空气质量全面达标。

逐步完善PM2.5监测体系，建立大气颗粒物排放清单。PM2.5作为影响我国区域性复合型大气污染的重要污染物，建立能够准确反映我国颗粒物排放特征的排放清单对我国制定合理的颗粒物污染控制对策措施具有重要意义。通过细颗粒物的监测体系所测得实测数据以及大气颗粒物排放清单，全面掌握我国颗粒物排放源的构成情况，收集全部固定源和移动源颗粒物排放的活动水平数据信息，确定分粒径的颗粒物排放因子和颗粒物中化学组分的排放因子信息。

空气质量管理体系还应颁布健全的法律法规制度，制定完善的污染物排放标准和流程，按照规定实施。对于违背法律的给予严惩，对于那些遵纪守法的给予鼓励和奖励，从而促进大气颗粒物污染防治的规范化和制度化进程。

（2）开展多源污染物的协同控制

大气颗粒物是工业、交通、电力其他生产和生活以及天然源排放的一次颗粒物和由气态污染物向颗粒物转化而生产二次粒子的混合物。单纯控制某个污染源的排放和采取单因子控制手段已经不适应颗粒物污染防治的管理需求。借鉴国外发达国家的污染控制经验，急需开展我国的多污染源排放控制和多污染物协同控制工作。一是以电力、工业、交通和城市面源为重点，全面加强烟尘、工业粉尘和扬尘污染防治，积极推进电力、其他工业锅炉和工业炉窑的除尘技术升级改造，加强城镇供热管网系统建设，深化烟粉尘治理；加强移动源颗粒物污染防治，加大“黄标车”淘汰力度，提高油品质量，降低柴油车颗粒物排放；强化扬尘污染防治，逐步开展非道路机械污染控制。二是积极开展多污染物协同控制，强化对二氧化硫、氮氧化物和挥发性有机物等一次细粒子重要前体物的控制，制定有利于多污染协同控制政策措施，有效改善区域能见度。

（3）加强污染防治基础研究与成果转化

近年，细颗粒物污染物的研究以引起我国学者的重视，但研究仍具有局限性，缺乏系统性，需要深入研究大气颗粒物的区域排放特征和污染特征，在区域尺度内揭示颗粒物污染的来源和形成机制，加强细粒子对人体健康的影响机理研究，开发细颗粒物的高效去除技术和二次颗粒物前体物的协同控制技术，积极利用遥感遥测技术开展对区域颗粒物污染特征的观测，进而针对细粒子污染提出科学控制对策。因此需大力提升环保人员研究能力和加强科研队伍建设。通过对研究方法和研究技术的推广，逐渐开展大气污染成因与机理研究的相关培训，培养和提升地方控制人员的研究能力，持续建设不同层次的科研队伍。以满足大气环境污染的对科研人才的长期需求。加强资源推动成果转化与应用。建议由有关部门牵头，整合和集成环保部、科技部、中科院、基金委及高校的研究项目与成果，建立成果推广应用机制，促进不同地区、不用时段以及不同层面研究成果的整体转化。

结合具体颗粒物源的研究以及所颁布的《环境空气细颗粒物污染综合纺织技术政策》和《细颗粒物污染防治技术简要说明》，可以采用如下措施进行整治改进：

（1）城市机动车尾气排放相关改进措施

根据研究分析，大气颗粒物中的有机物和二次颗粒物的前驱有30%是来自机动车排放的碳水化合物和氮氧化物。因此，限制机动车每日上路量和减少机动车尾气排放量是较快速直接减少城市颗粒物产生的方式之一。虽然现在大多数城市执行机动车限行令的目的在于解决交通的拥堵，但对污染物的排放也具有控制意义。一般城市采取的是单双号限行规定，北京在奥运期间采取单双号限行后，尾气排放量减少了63%，可见对大气环境间的保护起到了直接作用。

另外，为减少机动车的尾气排放，不少城市还进行了机动车环保分类，对高排放车辆采取限制行驶区，限制行驶时间等交通管制措施。对无环保合格标志以及违规人员进入限行区域的高排放车辆，将由公安交通管理机关进行直接处理。这种分类标志对于高排放机动车的管理更加清晰明了，一方面减少了高排放车对空气的污染负担，另一方面鼓励高排放车业主自觉改进尾气治理装置或作淘汰处理。

除此之外，减少尾气排放的另一直接途径就是鼓励市民多开小排量车。纵观全球，目前世界上几乎所有著名汽车制造厂商均加速研制“低油耗、低价格，小排量、小车身”的经济型轿车，汽车大国日、美、英、德、法、意、韩的小排量汽车市场一直占据汽车市场50%左右，波兰、捷克和前南斯拉夫等国的市场比例更高达80%以上。发展小排量汽车，已经成为发达国家兑现环境承诺的成熟做法。因此，推广宣传节能小排量汽车，使市民更多选择小排量车，是减少尾气排放的有效途径之一。

新型清洁能源的开发和利用也是解决机动车尾气排放污染的一个方向。从全国清洁能源的应用情况看，甲醇、乙醇、醇醚及二甲醚等有望在未来的普代汽油制品，使用此类燃料不仅能够大大改善尾气排放对环境的污染，而且生产成本低，系统花费少，燃料来源有保障，将成为我国今后的主要燃料发展方向，新能源的开发和利用对环境质量有着重大的价值，同时也是能源可持续利用的关键。

（2）扬尘、工业污染相关改进措施

扬尘污染有60%来自路面堆积的尘垢，然后通过自然风力以及车辆带动逐渐扩散到空气中，因此及时对道路积尘进行清理是有效控制扬尘的关键。由于市区内道路积尘比较零散，随时都有各种尘垢的降落，所以控制起来并不容易。

市区可以建设公园，以树木、草坪、花卉套植的形式，不但可以除尘降噪，还可以吸收污染物，草坪可以充分覆盖裸露的地表，防止表面黄土干裂产生多余扬尘，同时建设的人工湖不但不会产生颗粒物而且可以降尘、吸尘。一些开放源扬尘也应得到重视，如一些工业在室外堆放的生产用料、废弃物或各种途径产生的灰堆以及燃煤企业的煤堆和灰渣堆等。各工业企业应建封闭式储灰场，各电厂要建立粉煤灰储灰场，小型灰堆应进行围挡和遮盖，并加以喷湿，抑制扬尘的散逸，此过程更需相关部门监督和检查。

对于工业排放源的管理，按照“发展优势产业、稳定均势行业、淘汰劣势企业”的国家产业政策要求，建立高污染企业退出机制，逐步淘汰高物耗、高能耗、高污染和低产出的行业，减少污染物排放总量，是有效控制环境污染的手段之一。

（3）居民生活相关颗粒污染物的管理改进措施

首先，针对城市的大量建筑垃圾和生活垃圾，在运输转移和堆放过程中产生的大量扬尘。可以在城市郊区，选择背风的场所，建立固定的填埋场所，在填埋场周围可以植树造林，减少固体颗粒物的产生。

其次，北方城市在冬季采暖季，采用城市集中供热取暖，可以减少大量分散锅炉房普遍存在的能耗高热效率低的缺点。拆除小型燃煤锅炉，普及集中供热对于可减少冬季颗粒污染物的生成。

再者，推进煤改清洁能源，例如“煤改电”和“煤改气”也是解决采暖季颗粒物污染严重的关键手段之一。实施以燃气和洁净煤技术产品为重点的清洁能源，同时加大对使用电、气、轻质油等清洁能源锅炉的扶持推广力度，并积极引导使用热泵、太阳能、风能等新能源和可再生能源技术和产品，通过能源转换、政策调整才能真正意义上的解决环境污染问题。

除了对于未产生的污染进行的政策措施上的控制预防，对于已产生的颗粒物我们可以采用除尘技术进行处理。

近些年，随着科学技术的发展，除尘技术也在不断地创新和成熟，主要有机械力除尘、过滤除尘、静电除尘和湿式除尘四种类型。其中机械力除尘主要包括：重力沉降，利用重力原理将粉尘和气体分开；惯性除尘，利用颗粒物大小重力不同，运动中惯性力不同而分开的原理；离心除尘，利用旋转产生离心力不同分开。过滤除尘主要利用含尘气体通过多层滤料的过程，被截留而达到分开的目的。它包括：袋滤除尘、颗粒层过滤除尘。静电除尘是使粒子带电后经过电磁场利用电场作用使颗粒物沉降的过程。湿式除尘主要是将污染气体通过除尘液的吸附洗涤而达到除尘目的。

在我们的日常生活中，可采用以下方法进行防治日常颗粒污染物。

（1）过滤法：包括空调、加湿器、空气清新器等，优点是明显降低PM2.5的浓度，缺点是滤膜需要清洗或更换。

（2）水吸附法：超声雾化器、室内水帘、水池、鱼缸等，能够吸收空气中的亲水性PM2.5，缺点是增加湿度，憎水性PM2.5不能有效去除。

（3）植物吸收法：植物叶片具有较大的表面积，能够吸收有害气体和吸附PM2.5，优点是能产生有利气体，缺点是吸收效率低。

7.2 地铁细颗粒浓度预测

7.2.1 地铁浓度预测的必要性

由于近年来，我国各大城市都出现程度不同的雾霾天气，尤其以北京最为严重。据气象网站统计，北京市2015年的雾霾天数高达179天，占全年的49%，因而众多专家学者对室内外空气质量进行了广泛的研究。造成雾霾天气的主要元凶是PM2.5，据相关数据统计PM2.5每增加10μg/m^3，循环系统疾病和呼吸系统疾病的患者急诊数量分别约增长0.5%到1%。因此，政府对室外细颗粒物PM2.5进行实时监测，并将数据公之于众，以便市民选择合适的出行方式或佩戴必要的防护设备，以此减少PM2.5对人身体健康的危害。

越来越多的人选择地铁作为出行方式，而经过研究，地铁内也存在一定量的细颗粒污染物。为了确保市民的健康出行，同室外的颗粒物的监测预报政策相同，也应让市民了解地铁内的污染物浓度值。鉴于地铁结构复杂，形式多样，各个地铁站内以及车厢由于多种差异，浓度值也有较大差异，所以实时监测并不现实。为了让市民了解地铁内的颗粒物浓度以便更安全健康出行，我们采取预测方法获取地铁内颗粒物浓度。

7.2.2 地铁浓度预测的方法

本书采用理论推导模型以及基于时间序列分析的ARIMA预测两种方法进行地铁内颗粒物浓度的预测。

理论推导模型预测

地铁环境中PM2.5颗粒物浓度的大小主要取决于室外进入的颗粒物，包括通风系统、活塞风效应、人流等造成的出入口的空气交换以及地铁内部本身存在的浓度，主要受到列车的制动形式、运行年限等产生与积累的PM2.5。

在模型建立的过程中，假设以下条件：

（1）空气是各向同性的；

（2）不考虑颗粒物的化学等转化的过程；

（3）颗粒物的浓度分布是均匀的，不存在空间梯度；

（4）空气不存在因温差产生的影响；

（5）通风系统中不考虑PM2.5的过滤效率；

（6）不考虑漏风情况以及颗粒物本身的沉降过程；

（7）室外环境为稳定状态。

对于一次回风系统，建立颗粒物质量平衡方程可以得到：地铁内颗粒物瞬时浓度＝地铁内本身的浓度＋地铁颗粒物产生＋新风送入–回排风排出＋室外通过出入口进入＋隧道内通过屏蔽门渗入以及活塞风产生的影响＋客流量产生的影响＋温湿度影响

用公式表达为：

$$V\frac{\mathrm{dC_t}}{\mathrm{dt}} = C_0 + G + Q_{\mathrm{in}}C_w(1-\eta_{in}) - Q_{\mathrm{out}}C_t + Q_{\mathrm{win}}C_{\mathrm{w}} - Q_{\mathrm{wout}}C_{\mathrm{t}} + kQ_1C_{\mathrm{s}} + \mathrm{a}P^{\mathrm{x}} + \mathrm{b}T^{\mathrm{y}} + \mathrm{c}H^{\mathrm{z}}$$

其中：

V代表的是地铁内体积，单位为m^3；

C_t代表地铁内的PM2.5颗粒物的浓度瞬时值，单位为μg/m^3；

C_0代表是地铁内本身积累的初始浓度，单位为μg/m^3；

G代表地铁单位时间PM2.5的产生量，单位为μg/m³；

η_{in}代表过滤效率，%；

Q_{in}、Q_{out}、Q_{win}、Q_{wout}、Q_1分别代表新风量、回排风量、室外通过出入口进入风量、室内通过出入口流出风量以及隧道进入公共区的风量，单位为m³/h；

C_w代表室外PM2.5浓度，单位为μg/m³；

C_s代表隧道PM2.5浓度，单位为μg/m³；

P代表客流量；

T代表温度；

H代表湿度；

a，b，c，x，y，z，k，均为系数；

t为时间，单位为h。

根据条件假设，不考虑送风的过滤效率以及屏蔽门的渗透风，因此，代表隧道进入公共区的风量，但不包括渗透风量。

根据列车对站台的影响，可以将站台分为无活塞风、有活塞风两种工况。

① 当站台不受到活塞风效应影响时

站台处于无列车状态时，不受活塞风效应的影响，则公式可以简化为：

$$V\frac{\mathrm{d}C_t}{\mathrm{d}t} = C_0 + G + Q_{in}C_w(1-\eta_{in}) - Q_{out}C_t + Q_{win}C_w - Q_{wout}C_t + (aP^x + bT^y + cH^z)C_t$$

对以上的公式进行积分求解：

$$\int_0^t \frac{\mathrm{d}t}{V} = \int_{C_0}^{C_t} \frac{1}{C_0 + G + Q_{in}C_w - (Q_{wout} + Q_{out} + aP^x + bT^y + cH^z)C_t + Q_{win}C_w}\mathrm{d}C_t$$

将公式进行设定：

$$A = C_0 + G + Q_{in}C_w + Q_{win}C_w$$

$$B = Q_{wout} + Q_{out} + aP^x + bT^y + cH^z$$

那么积分可以得到t时刻的地铁环境中PM2.5浓度：

$$C_t = \frac{A - (A - BC_0)e^{\left(-\frac{Bt}{V}\right)}}{B}$$

② 当站台受到活塞风效应影响时

列车进站、出站会对地铁内环境造成影响，则公式积分求解为：

$$\int_0^t \frac{\mathrm{d}t}{V} = \int_{C_0}^{C_t} \frac{1}{C_0 + G + Q_{in}C_w - (Q_{wout} + Q_{out} + aP^x + bT^y + cH^z)C_t + kQ_1C_s + Q_{win}C_w}\mathrm{d}C_t$$

设：

$$C = C_0 + G + Q_{in}C_w + Q_{win}C_w + kQ_1C_s$$

$$B = Q_{wout} + Q_{out} + aP^x + bT^y + cH^z$$

积分求解可以得到：

$$C_t = \frac{C - (C - BC_0)e^{\left(-\frac{Bt}{V}\right)}}{B}$$

通过第6章的相关性等分析，可以得知室外大气中PM2.5颗粒物的浓度对于地铁环境的污染有很大的影响，因此结合求解的方程，对室外的浓度进行偏微分分析，可以得到：

$$\frac{\partial C_t}{\partial C_w}=\frac{(Q_{in}+Q_{win})}{B}[1-e^{\left(-\frac{Bt}{V}\right)}]$$

从以上的公式中可知，$\frac{\partial C_t}{\partial C_w}>0$，所以$C_t$是随着室外浓度的增大而增加的。

对于地铁的初始浓度同样的处理，可以得知：

$$\frac{\partial C_t}{\partial t}=\frac{B(C_\infty-C_0)}{V}e^{\left(-\frac{Bt}{V}\right)}$$

初始浓度的影响取决于$C_\infty-C_0$的值，当$C_\infty-C_0>0$时，地铁内环境污染随着时间呈现增加的趋势，相反则减小，当为0时，地铁内环境不随时间的变化而变化。

由于地铁本身结构为“半封闭，半开放”式，因此每一个结构不同的地铁受到的无组织风与有组织风量无法测定，即参数Q_{in}、Q_{out}、Q_{win}、Q_{wout}、Q_1是不固定的，并且随着室外环境的变化Q_{in}、Q_{out}大不相同，加之客流量、温湿度等对浓度的扰动程度系数的不明确，因此单纯根据公式，无法套用出地铁环境的PM2.5污染。我们需要根据具体车站，进行理论模型的推导的前期准备工作。

对于公式中所要求的地铁内瞬时浓度值C_t，首先需要查阅具体车站相关或者进行实际实测取得地铁内体积V、通风系统的过滤效率η_{in}、新风量Q_{in}、回排风量Q_{out}、室外通过出入口进入风量Q_{win}、室内通过出入口流出风量Q_{wout}以及隧道进入公共区的风量Q_1。通过实测获取室外PM2.5浓度C_w、隧道PM2.5浓度C_s，以及地铁单位时间PM2.5的产生量G，并且通过测量前一天晚上室外浓度C_0作为新一天的地铁运行时刻的初始浓度。采用逻辑回归统计方法，对该站地铁客流量、温度、湿度进行公式拟合分析，确定相应系，并做好测量记录工作。完成前期准备工作后，即可对相应车站进行预测地铁内颗粒物瞬时浓度的工作。

时间序列是统计样本中的一系列数据按时间顺序排列成的一个数值序列，显示所研究的变量在某段时间内的变化过程，并在这一分析过程中发现所研究对象的变化规律和发展趋向。它是统计样本中的某一变量受其他各种影响因子综合作用的结果。时间序列分析的方法概括来说就是先通过分析和数值计算来处理期望目标自身的一系列时间序列样本，从而得到某一研究对象随时间的变化而产生的特征和规律，最后获得预测研究对象的发展趋势。随机时间序列分析的一个重要概念是平稳性。当时间序列没有显著的波动趋势即季节变动（周期性变化）、循环变化以及一个长期的变化趋势，则称随机时间序列是平稳的。从统计意义上讲，如果序列的一、二阶矩存在，且满足均值为常数、协方差仅与时间间隔有关，则称该序列为宽平稳时间序列（广义平稳时间序列）。

采用时间序列对站台PM2.5浓度进行拟合预测是因为采用时间序列可以通过已知的站台PM2.5浓度的序列数据预测下几个值是增加还是减少，以及增减的幅度有多大。

在预测中，对于平稳的时间序列，可用自回归移动平均（ARMA）模型及特殊情况的自回归（AR）模型、移动平均（MA）模型等来拟合，预测该时间序列的未来值。但在实际的经济生活预测中，随机数据序列往往都是非平稳的，此时就需要对该随机数据序列进行差分运算，进而得到ARMA模型的推广——ARIMA模型。

自回归移动平均模型及特殊情况的自回归模型、移动平均模型等都可以用来对平稳的时间序列进行预测拟合，通过已知的数据样本的时间序列来预测该样本的未来值。但是在实际的生活应用中，往往需要对数据样本先通过差分运算进行平稳化处理，才能进行下一步。这是因为在实际的统计分析中，随机数据往往都不是平稳的。而平稳化处理过的ARMA模型就是ARIMA模型。ARIMA模型全称综合自回归移动平均模型，简记为ARIMA（p，d，q）模型。其中AR是自回归，p是自回归阶数；MA为移动平均，q为移动平均阶数；d为平稳化处理时进行的差分次数。

（1）ARMA过程

设｛x_t｝为零均值平稳的时间序列，｛φ_t｝为与时间有关的随机序列或称为白噪声。如果当期值x_t可以表示成其前期值和随机项的当期与前期值的线性组合，即：

$$x_t = \varphi_1 x_{t-1} + \varphi_2 x_{t-2} + \cdots + \varphi_p x_{t-p} + a_t - \theta_1 a_{t-1} - \theta_2 a_{t-2} - \cdots - \theta_q a_{t-q}$$

则称该序列｛x_t｝是自回归移动平均序列，简记为ARMA（p，q）。其中，φ_1，φ_2，…，φ_p称为自回归系数；θ_1，θ_2，…，θ_q 称为移动平均系数。当φ_i=0，则该模型转化为MA（q）模型；当θ_i=0，则模型转化为AR（p）模型。

（2）ARIMA过程

如果一个非平稳的时间序列｛x_t｝经过d阶差分后可以变成一个平稳的时间序列，并且可以使用模型ARMA（p，q）对差分后的时间序列进行建模，则称该时间序列的模型结构为差分自回归移动平均模型，简记为ARIMA（p，d，q）。模型中的p 称为自回归阶数，q称为滑动平均阶数，d为进行平稳化处理时的差分次数。

一般来说，建立ARIMA模型需要以下几个步骤：

（1）对时间序列的平稳性进行判断。主要通过做序列的时序图观察时间序列有无明显的长期趋势、循环变动和季节（周期）变动。若无任何规律，可以认为序列是平稳的。

（2）对非平稳的时间序列采用差分的方法进行平稳化处理并确定差分的阶数d。

（3）对于差分后的平稳序列，根据ARMA（p，q）模型的判别规则，确定模型中p和q的值。此步骤主要采用自相关系数和偏相关系数来进行确定。在统计学中ACF通常代表｛x_t｝的自相关函数，而用PACF代表｛x_t｝的偏自相关函数。ARMA模型的阶数就是用这两个相关函数的截尾性进行判断的。具体判别方法如表7-1所示。

RIMA模型的识别 表7-1

模型	自相关函数（ACF）	偏自相关函数（PACF）
AR（p）	拖尾	p阶截尾
MA（q）	q阶截尾	拖尾
ARMA（p，q）	拖尾	拖尾

当自相关系数或偏相关系数逐步趋于数值0时，就称这个函数是拖尾的。而所谓的趋向于0这一过程，则是指函数的表现形式是有规律的，如几何衰减或正弦波式衰减。而截尾则是指从某阶后自相关

系数或偏相关系数为0。

（4）确定了模型中p，d，q的值，之后就采用最小二乘法或是最大似然估计法对模型中的参数进行估计。

（5）检验和分析模型参数的显著性及其模型的拟合效果。这一步骤主要是检验模型的残差序列的自相关函数和偏自相关函数图。如果残差序列的自相关系数和偏相关系数在统计意义上都不显著，就认为模型是合理并可接受的。

根据所述预测模型建立步骤，选取8号线南锣鼓巷站作为预测站点，进行50组以天为单位的PM2.5浓度数据测试，并进行拟合模型建立及分析。

做出站台PM2.5浓度的时序图，观察数据序列的特点，结果如图7–1所示。从图7–1中可以看出此样本的数据序列没有呈现出明显的循环变动以及一个长期的增长或下降趋势，因此可以初步判断该组数据可能是平稳的时间序列。接下来通过自相关和偏自相关图进一步进行平稳性判断分析。

分析结果如图7–2和图7–3所示。从图7–2中可以看出自相关系随着时间逐步下降且逐步趋向于0，因此可以判断自相关函数拖尾。从图7–3中可以看出，除了一阶的偏自相关函数以外，其他偏自相关系数均在2倍标准差内波动，而延迟了一阶的偏自相关系数在2倍标准差之外。根据这个特征可以判断该数据序列是平稳的并且具有短期相关性。另外，从图7–3中可以看出该序列偏自相关函数1阶截尾。

综合该序列自相关函数和偏自相关函数的性质，利用表7–1的模型识别规则，可以判断该拟合模型为AR（1），即ARIMA（1，0，0）。

利用SPSS22.0对ARIMA（1，0，0）模型进行拟合，输出结果如表7–2和表7–3表示。表7–2是模型统计量表，其中，R方值和平稳的R方值均为0.913接近于1，说明模型ARIMA（1，0，0）拟合结果较好。表7–3是模型参数表，从结果可以看出，AR（1）模型的常数项为62.653，参数为0.140，显著性为0.35大于0.05说明结果不显著，因此可以认为AR（1）模型很适合。从结果来看；

其拟合模型为$x_t=62.653+0.140\ x_t-1+\varphi_t$。

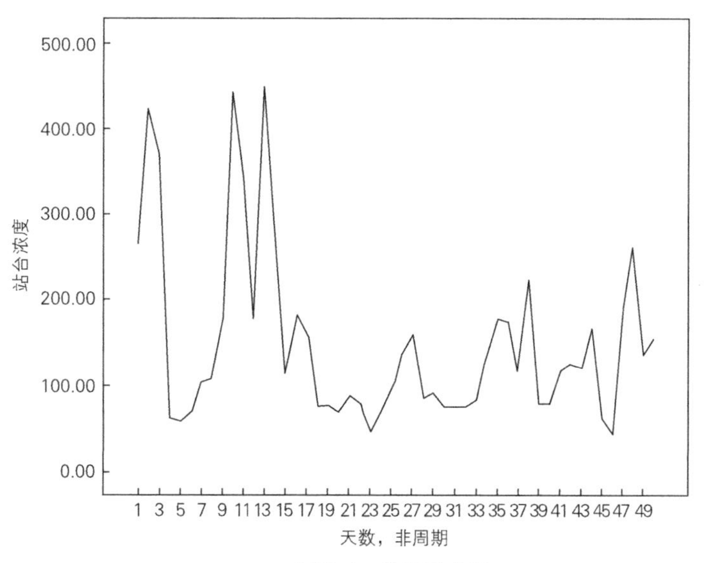

图7–1　数据时序图

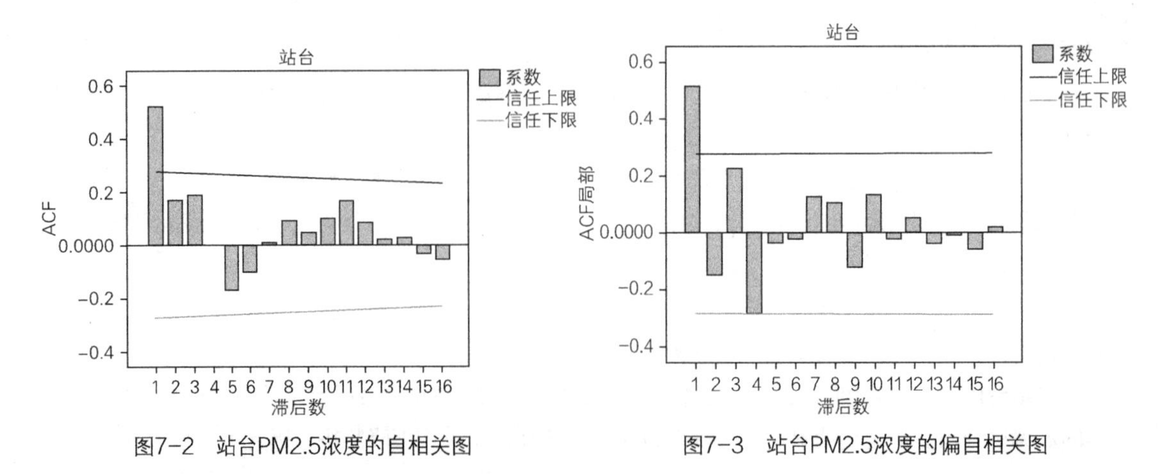

图7-2 站台PM2.5浓度的自相关图

图7-3 站台PM2.5浓度的偏自相关图

模型统计量表 表7-2

模型	预测变数数目	平稳的R^2	R^2	标准化BIC
站台-模型	1	0.913	0.913	7.104

ARIMA模型参数表 表7-3

					估计	SE	T	显著性
站台-模型_1	站台	无转换	常数		62.653	6.718	9.326	0.000
			AR	落后1	0.140	0.148	0.944	0.350
	室外	无转换	分子	落后0	0.654	0.032	20.145	0.000

图7-4是ARIMA（1，0，0）模型拟合残差的自相关函数和偏自相关函数，可以看出，残差的自相关和偏自相关函数都是0阶截尾的，说明数据残差不相关，从而可以判断该序列的相关性已经充分拟合，说明拟合模型$x_t = 62.653 + 0.140\, x_t - 1 + \varphi_t$拟合结果良好。

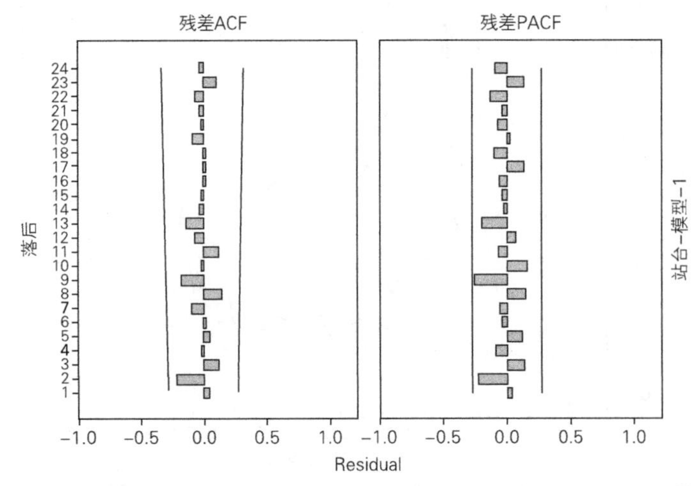

图7-4 ARIMA（1，0，0）模型拟合残差的自相关函数和偏自相关函数图

图7-5给出了ARIMA（1，0，0）模型的拟合图和观测值。从图中可以看出序列整体成波动状态，拟合值和观测值曲线在整个区间整体上拟合情况良好，个别峰值上拟合值和观测值有一定差别。从拟合图也可以看出，预测模型ARIMA（1，0，0）预测拟合结果比较成功。

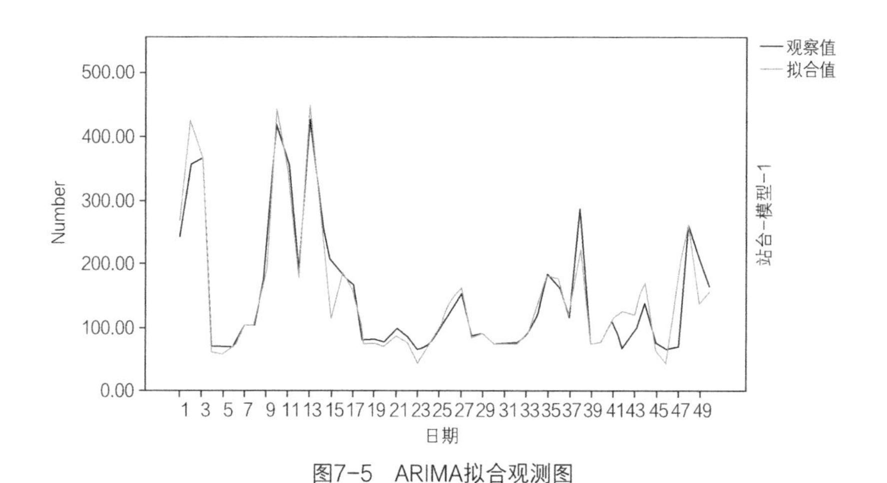

图7-5 ARIMA拟合观测图

7.3 本章小结

解决空气中细颗粒物污染的措施对于降低地铁内细颗粒物浓度有着借鉴意义。本章第一节从大气细颗粒物的防控措施着手，从已产生颗粒物的消除与防止未生成颗粒物的途径两方面进行介绍。

通过上一章节对地铁细颗粒物的污染特性以及可能影响地铁细颗粒物分布浓度的相关因素的介绍，本章7.2节中讲解了团队在地铁细颗粒物预测研究中的两种方法，基于颗粒物质量平衡方程的预测和基于时间序列分析的预测。以8号线南锣鼓巷站为例，对50组数据进行时间序列分析模型的验证工作。

参考文献

[1] 郑毅，刘标．大气颗粒物污染及防治措施[J]．科技信息，2012（3）：541-541.

[2] 黄丽坤，王广智．城市大气颗粒物组分及污染，第一版[M]．化学工业出版社.

[3] 杨新兴，冯丽华，尉鹏．大气颗粒物PM2.5及其危害[J]．前沿科学，2012（1）：22-31.

[4] 陈诗语．基于网络的时间序列预测[D]．西南大学，2015.

[5] 李天舒．混沌时间序列分析方法研究及其应用[D]．哈尔滨工程大学，2006.

[6] 尹国举，王力彪，王荣艳. 二阶矩模糊随机过程协方差函数的性质[J]. 河北师范大学报（自然科学版），2003，27（4）：344–346.

[7] 汪发余，高振沧，毕建武. 基于SPSS组合预测算法的煤炭消费量预测研究[J]. 资源开发与市场，2014，30（8）：957–960.

[8] 尹遵栋，罗会明，李艺星等. 时间序列分析（自回归求和移动平均模型）在流行性乙型脑炎预测中的应用[J]. 中国疫苗和免疫，2010（5）：457–461.

[9] 王新如. 地铁车站细颗粒物分布规律及运动特性研究[D]. 北京：北京工业大学，2017.

[10] 王姣姣. 寒冷地区某地铁屏蔽门系统站台颗粒物浓度分布实测研究与模拟分析[D]. 陕西：长安大学，2017.

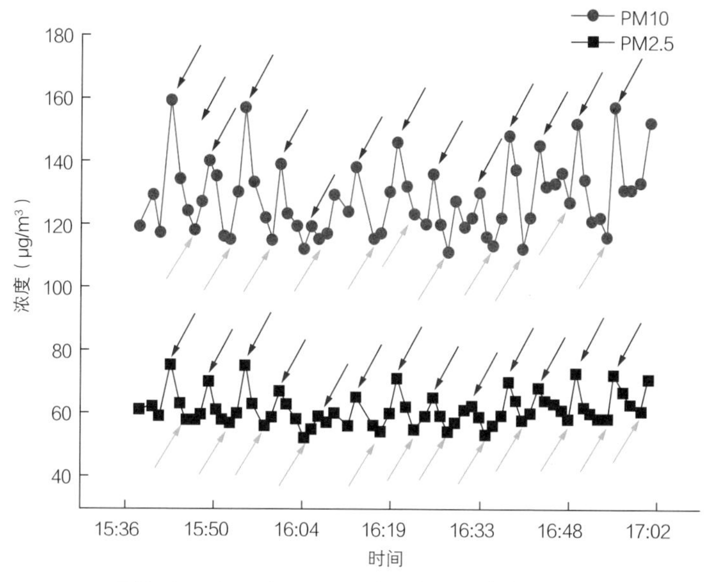

图3-31　2016年10月9日北工大西门站站台测试

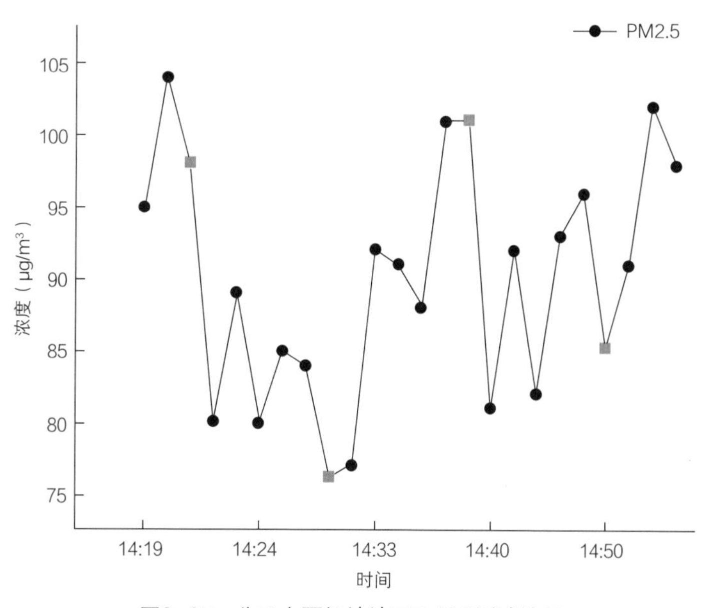

图3-35　北工大西门站站厅PM2.5测试结果